中国电机工程学会
CHINESE SOCIETY FOR ELECTRICAL ENGINEERING

学术系列报告
CSEE-ACN30-R2-2020

“十四五”电力科技重大技术方向研究报告

Report on Major Technological Trend of Electric Power in the 14th Five-Year Plan Period

中国电机工程学会　编著

中国电力出版社
CHINA ELECTRIC POWER PRESS

图书在版编目（CIP）数据

“十四五”电力科技重大技术方向研究报告 / 中国电机工程学会编著. —北京：中国电力出版社，2021.1（2021.12重印）

ISBN 978-7-5198-5286-3

Ⅰ. ①十…　Ⅱ. ①中…　Ⅲ. ①电力工程–研究报告–中国　Ⅳ. ①TM7

中国版本图书馆 CIP 数据核字（2021）第 005150 号

出版发行：中国电力出版社
地　　址：北京市东城区北京站西街 19 号（邮政编码 100005）
网　　址：http://www.cepp.sgcc.com.cn
责任编辑：周秋慧（010-63412627）
责任校对：黄　蓓　马　宁
装帧设计：王红柳
责任印制：石　雷

印　　刷：北京天宇星印刷厂
版　　次：2021 年 1 月第一版
印　　次：2021 年 12月北京第二次印刷
开　　本：880 毫米×1230 毫米　16 开本
印　　张：7.5
字　　数：133 千字
定　　价：80.00 元

《“十四五”电力科技重大技术方向研究报告》
编审委员会

编写人员名单

主　　编　郭剑波

副 主 编　（按姓氏笔画排序）

王伟胜　王继业　汤　涌　许世森　肖立业　汪映荣
张运洲　郑玉平　饶　宏　程永权

编写人员　（按姓氏笔画排序）

于　浩　于爱军　马　潇　王　瑞　王伟胜　王志峰
王君栋　王金意　王建西　王晓晨　王海涛　王集杰
王煦嘉　元复兴　牛红伟　牛拥军　牛国平　毛正雄
石文辉　卢远宏　白　宏　白　浩　丛　琳　匡晓云
吕广宪　吕宏水　朱朝阳　向　欣　刘　杰　刘　非
刘　洁　刘　骥　刘入维　刘志远　刘原君　闫　姝
汤　竑　孙宏斌　苏　立　李　伟　李　军　李　炎
李　泓　李　凌　李　铮　李玉凌　李帅英　李亚楼
李伟邦　李庆峰　李林森　李盛涛　杨争林　杨庆新
杨国生　杨黎明　吴　婧　吴　赛　吴兴华　何　剑
何金良　余佶成　汪　洋　汪世清　张　宁　张　伟
张　贤　张一帆　张金虎　张树华　张剑寒　张蓬鹤
陆　坤　陈　松　陈　朋　陈　新　陈启鑫　陈柔伊
陈海生　范准峰　林　今　林　莘　易　俊　周　贤
周　亮　周　缨　周华良　周虹光　周勤勇　郑安刚
屈海涛　孟晓丽　赵晓冬　郝　明　钟　犁　郜时旺
施　文　姚建国　贺之渊　袁　勇　袁　野　袁智勇
夏　雨　夏善红　钱晓慧　徐石明　徐志博　徐英辉
高召顺　高海东　郭　涛　郭　琦　郭　强　郭小江
郭庆来　郭雨桐　唐　巍　唐华俊　黄　莹　曹均正
梁恒福　梁维宏　董　功　蒋屹新　惠　东　喻　明
程　林　鲁　刚　蒲天骄　路小俊　腾　玲　蔡万通
潘书燕　魏林君

目 录

引　　言

2020年是全面建成小康社会、实现第一个百年奋斗目标的决胜之年，也是为实现第二个百年奋斗目标打好基础的关键一年。当前，世界主要国家纷纷把能源电力技术视为新一轮科技革命和产业革命的突破口，我国电力发展也迫切需要开展电力科技规划和创新研究部署，为我国电力行业科学发展提供重大技术方向上的引导，为开启全面建设社会主义现代化国家新征程提供支撑。

中国电机工程学会深入分析我国电力科技领域发展现状与国内外发展形势，适时开展“十四五”电力科技重大技术方向研究工作，专门成立了编审委员会，邀请电网、火电、水电、核电及新能源等相关领域的院士和专家参与或指导规划编制。国网能源研究院全程参与报告编制及汇总工作，国家电网公司、华能公司、三峡集团、国家电投、中广核、西电集团、清华大学、电力规划设计总院、中国电科院、南网电科院、华能经济研究院、华能热工院、中科院电工所、南瑞集团等多家单位的专家承担专题研究及报告编制工作。

编制过程中，中国电机工程学会通过专题研究、问卷调查、专题访问、专题研讨会等形式，广泛收集专家意见；在此基础上，组织核心专家集中攻关，小范围反复征询意见，屡次修订报告，稳步有序推进研究工作，力求报告内容全面、系统、准确，并具有一定的前瞻性及可行性。历时5个月，最终形成研究报告。

研究报告总体分为两大部分：第一部分梳理了“十三五”期间我国电力科技发展现状，分析了当前国内外电力科技发展面临新形势；第二部分系统地论述并提出“十四五”期间需重点研究的8项电力科技重大技术方向及其63项关键技术，逐项分析了关键技术的现状及存在问题，提出了“十四五”期间主要研究内容及目标。

第一部分　我国电力科技发展现状与形势

一、发展现状

基于满足国民经济发展需求、构建“清洁低碳、安全高效”的能源体系、实现“四个革命、一个合作”能源安全新战略、确保能源安全的角度，以实现电力科技强国为目标，分析我国电力科技发展现状。

1. 智能电网技术

打造安全、可靠、绿色、高效的智能电网，是落实“四个革命、一个合作”能源安全发展新战略的重要组成部分。“十三五”期间：

新一代电力系统的演化、规划与控制的基础理论方面，建设适应高比例新能源电力为特征的新一代电力系统是实现能源转型的关键，以周孝信院士为首的团队提出了“三代电网”理论，并提出应采用互联网思维规划电网和融合“大云物移智链”等新兴技术的发展路径。也有学者采用系统复杂性理论和方法，对“三代电网”发展进行了模拟推演。在未来电网形态上，以特高压交直流混联大电网、柔性直流电网、分布式能源系统等技术作为依托，做了跃迁式电网架构的探讨。

弹性电网及生命线工程关键技术方面，借鉴美国等国家提出的电网恢复力（resilience）的理念，国内学者提出了弹性电网的概念及其内涵，并结合新能源大规模发展趋势，将“弹性”做了空间（由电网到电源、负荷，由配电网到输电网）和时间（由事中到涵盖事前、事中、事后的全过程）拓展，目前，一些弹性电网技术措施已在配电网中有示范实践。而生命线工程目前还处于概念发展阶段，尚未进行全面的研究。

新一代电力系统建模及仿真关键技术与安全稳定分析的基础理论方面，提出了交直流大电网全电磁暂态仿真的核心算法和基础模型，完成了满足不同精度实用化需求的新能源发电、特/超高压直流及其控制系统的电磁暂态模型研发。开展了多直流馈入电网的动态电压稳定，大规模新能源通过多端柔性直流或混合型直流馈入电网的运行特性，以及交直流间、多回直流间耦合特性，直流送受端系统耦合特性等研究。提出了新一代调相机完整的成套调相机励磁限制和保护技术方案，并实现了工程应用。建成了新一代特高压交直流电网仿真平台，数模仿真和数字仿真系统的仿真规模、实时仿真能力居世界首位。

源网荷储协同互动的电力系统运行机理和调度控制技术方面，近年来源网荷储协同互动技术得到了学术界和工业界的普遍重视，初步进行了探索实践。建立了苏州、佛山、天津、上海等电力需求侧管理试点；江苏和上海等地实施了超百万千瓦负荷的需求响应；江苏电网从提升大受端电网频率安全的角度开展了精准负荷控制，已建成 260 万 kW 毫秒级精准切负荷控制系统；华北通过调峰市场，引导电动汽车、分布式储能、虚拟电厂等负荷侧资源与发电侧资源一起为京津唐电网提供调峰辅助服务。

新一代电力系统的电力市场技术方面，我国电力市场商品逐步齐备，市场主体类型与规模逐步放开，市场范围与协同性不断提升。以顶层设计为指导，电力市场发展在逐步放开发用电计划、扩大中长期交易规模、推进现货试点、促进清洁能源消纳等方面均取得重大突破。电力市场运营领域总体处于国际先进水平，其中，电力市场运营试验能力、电力市场运营平台支撑技术实现了技术引领。

智能传感与量测技术方面，我国建成了全球首个全采集、全覆盖、全预付费的用电信息采集系统及其密钥安全体系，累计安装智能电能表超 6 亿只；29 个省级电网公司建成了全球最大规模的计量设备自动化检定流水线，年检定能力超 9 千万台。建立了输变电设备关键状态量感知的应用体系，突破了局部放电、温度、振动、压力等传感关键技术，研制应用超过 130 多种传感终端，开发了局部放电、温度等在线监测系统，建成电网覆冰、山火、雷电、舞动、台风和地质灾害监（预）测预警中心。建成了全球最大规模的计量设备大规模自动化检定流水线，建立了较为完善的全生命周期计量设备量测技术体系和较完善的试验检测评价体系实验平台，构建了全采集、全覆盖、全预付费的用电信息采集系统。

配电网与分布式能源方面，大规模分布式能源接入配电网，电动汽车充电负荷快速增长，用户供需互动日益频繁，使得配电网出现双向化、智能化、电力电子化等新特征，配电网的源、网、荷具有更强的时空不确定性，呈现出常态化的随机波动和间歇性，对配电网安全可靠运行带来更大挑战。伴随世界信息化与网络化发展潮流，基于信息技术、电力电子技术、测控技术等先进智能配电网技术取得重大突破。配电系统构成呈现出前所未有的发展态势，分布式新能源在配电网中的规模日益增大，多能互补规划运行、优化调控和运维管理等关键技术成果完成试点示范应用。

2. 能源互联网技术

能源互联网是互联网信息技术与能源技术相结合的产物，涉及众多行业、技术的尖端变革，是跨越多学科领域的综合系统建设工程。能源互联网是能源和互联网深度融合的产物，旨在构建以可再生能源优先、以电能等二次能源为基础，其他一次能源为补充的集中式和分布式互相协同的多元能源结构，同时通过以互联网技术为管控运营平台实现多种能源系统供需互动、有序配置，进而促进社会经济、低碳、智能、高效的平衡发展，形成新型生态化能源系统。

多能高效转换与多元用户供需互动技术方面，面向多种用能需求的快速增长，我国在分布式光伏发电、电动汽车、电制热、电制氢、天然气分布式能源站、地热利用、太阳能热利用等用户侧高效能源转换技术开展了大量的研究和实践应用。截至 2019 年底，我国分布式光伏装机容量达 62GW，新能源汽车保有量达 381 万辆，天然气分布式能源装机容量达 1.5GW。多种能源转换技术帮助用户侧高效用能的同时提供了客观的柔性调控资源，已开展了多项用户互动技术示范，如电动汽车有序充电、规模化源荷互动、自动需求响应等。

综合能源系统规划、运行及控制技术方面，在国家能源局立项支持下，建设完成了一批“互联网+”智慧能源（能源互联网）示范工程，综合能源系统作为能源互联网的物理基础得到了初步的工程实践。规划方面，综合能源系统一体化规划技术已经应用于江苏同里新能源小镇、太原科创城能源互联网等综合能源系统的初步规划，相比于能源系统分立规划可以实现经济、能效、排放等多方面的显著提升。运行及控制方面，提出了电—热—气协同运行优化技术，在实际运行中已经初步考虑各能源系统的耦合，实现了广州等城市能源互联网综合试点示范。初步研发了面向区域综合能源系统的规划优化与评估软件及能量管理系统。

在电力物联网技术方面，我国从战略层面确定了物联网技术作为国家战略新兴产业的地位，很早就开始了物联网技术在电力系统中的应用，通过积极推进电力物联网技术，建立统一的电力物联网框架和技术标准，相继推出了大量的物联网设备，并逐渐应用到电力系统的生产、输送、控制等电力系统的各个环节，促进电力系统逐渐实现智能化；物联网的建设拉动了两个产业链，横向拉动智能电网的发电、输电、变电、配电到用电的产业链，纵向拉动物联网芯片、传感器、嵌入式测控设备、中间件、网络服务与网络运行的产业链。

电力人工智能和先进计算技术方面，随着新一代人工智能的研究热潮，各类人工智能技术，如数据挖掘、机器学习、智能算法、专家系统等在数据解析度、学习力和计算力方面有很大突破，为解决电力系统面临的新问题提供了新的手段，得到了广泛的研究与应用。当前研究主要集中于电力供应与需求、电力系统安全与控制、运维与故障诊断及配电网领域，但人工智能整体能力和水平仍未达到通用智能化程度，只能起辅助作用而不能直接参与决策控制，人工智能与电网应用的融合广度和深度不足。

电力区块链技术方面，对区块链技术研究进行了试点应用，全面推动区块链在能源电力领域的应用落地，在新能源云、电力交易、综合能源等十大场景形成区块链技术解决方案，将区块链定位于实现万物互联的超级纽带、市场公平交易的安全防线、数字经济的信用保障，全面赋能电网企业创新发展；同时，在可再生能源领域积极布局区块链，积极推进分布式能源的点对点交易技术，利用区块链技术开展可再生能源绿色证书交易平台建设，创新绿证的分布式交易模式。但区块链技术在电力行业的应用仍处于早期，实施系统的规模较小，验证过程较短，既未能充分体现区块链在去中心化存证、智能合约自动执行等方面的突出优势，亦未能充分暴露区块链在大规模系统设计时如何平衡效率与安全的难题。

电力系统数字孪生技术方面，数字孪生技术的应用正处于起步阶段，但已在能源基础设施建设中得到应用，比如在基础设施建设中设计了完全沉浸式的数字孪生模型，从而实现工程设计可视化，发现系统潜在的障碍和问题，提升工作效率；同时，电力系统数字孪生技术进一步延伸至能源互联网领域，强化对孪生智能体的探讨，包括其微观特征、功能及信息交互；研究了物理模型与数据模型的结合或双重驱动，在数据与模型双驱动视角下探寻/重现电力系统的稳态过程、暂态过程及叠加定律等，研究相应的电力系统/设备的分析、检测与评估等模块以支撑各类运管调控高级服务。

电力大数据科学与工程技术方面，国家逐步加大智能发电的建设力度，以及对物联网技术的应用，使得电力大数据的量级飞速增长。中国电机工程学会发布了电力大数据白皮书；某省级电网建成营销大数据智能分析系统，开展了基于大数据的客户服务新模式应用开发研究，以及在营配数据一体化基础上的开展智能电网大数据应用研究，某区域电网针对输电、配电、用电和智能调度领域分别开展了电力大数据应用研究。但各研究成果仍比较粗糙，研究和应用尚处于深化探索阶段，需要在电力海量业务数据挖掘、数据可视化、高性能计算和统计分析上开展进一步研究。

信息通信新技术应用方面，电力信息新技术上，进入21世纪以来，我国在云计算、大数据、人工智能等信息技术方面有一些重大突破，形成国网云、电力大数据平台等产品并在电力领域成功应用，人工智能技术也逐步在输电线路巡检等领域推进研究和应用。信息技术软硬件产品已日趋成熟，应用类产品位居国际先进水平，但基础类软硬件关键技术研究仍较为薄弱。电力通信新技术上，开展“空天地”一体化通信网络关键技术研究，提出大容量骨干传输通信网络应用、系统保护通信网络架构及组网方案，突破电力无线专网组网及演进技术，开展5G和北斗关键技术应用及业务场景研究，研发相关模组和终端，但在电力通信网智能化管理、电力终端通信关键技术研究方面较为薄弱。开展电力信息物理系统融合建模与仿真，在电力信息通信综合仿真、耦合动态建模、实时广域稳定控制通信系统设计及仿真应用验证等领域取得重大突破，达到国际领先水平，并取得了显著的社会经济效益，在信息通信网络与电网联合仿真方面亟待技术突破。

能源互联网商业模式与市场机制方面，商业模式方面，随着国家能源局首批55个示范项目的建设探索和能源营商环境的开放优化，售电公司、负荷集成商等新型市场主体不断涌现，虚拟电厂、需求响应、分布式交易等商业模式从理论走向实践，主动参与、充分竞争、多边对等的能源生态逐渐形成。目前，国内已经初步形成了包括综合能源运营管理、平台和共享型业务、数据信息增值、用户侧互动和综合能源服务等类型在内的，形式多样的商业模式，并与国际先进商业模式保持同步。市场机制方面，以电力市场为核心的综合能源市场不断发展完善。我国电力、油、气等多个能源领域都在开展深入的体制改革，市场主体日趋活跃，市场规则日益完善，逐步形成了市场化配置资源的新型机制。特别是电力市场建设的多个环节取得了阶段性成果，大陆32个省区市均成立了电力交易中心，完成了中长期电力市场建设，并启动了8个试点省区的电力现货市场的试运行与试结算，在市场组织、市场模式、交易机制等方面积累了一定的研究基础和可推广经验。

3. 高效清洁低碳火力发电技术

近年来，国际上受到碳排放与环保政策约束，欧洲主要国家相继提出“煤炭退出计划”。我国也已经制定了逐步采用非化石能源替代化石能源的能源发展战略目标，但煤炭在我国能源生产消费中一直占据核心主体地位，在当前我国原油、天然气的对外依存度逐年升高，能源安全形势十分严峻的情况下，今后相当长时间内煤炭仍然承担着我国能源安全压舱石的作用。发展高效清洁低碳火力发电技术既是保障国家能源安全的重要途径，也是实现煤炭技术变革的中心任务。我国火力发电技术已取得长足进步，但仍存在治理过程产生二次污染、重金属控制标准偏低、二氧化碳排放量逐年增加，以及燃煤机组灵活性及调峰能力不足、无法满足可再生能源大比例接入等突出问题，煤电厂虽然基本实现超低排放，但距离“近零排放”要求还有差距。

燃煤电厂烟气多污染物高效一体化协同治理方面，近年来，我国全面实施超低排放和节能改造，有力提升了煤电行业的清洁化水平。截至 2019 年，我国超低排放煤电机组总计 8.9 亿 kW，占比超过 85%，我国已建成全球最大的清洁煤电供应体系。目前，我国燃煤机组超低排放技术的自主研发已取得重要进展，相关技术装备基本实现国产化，燃煤机组烟气处理技术水平已达到世界前列。

火力发电厂碳捕集与利用技术方面，截至 2019 年，国内共开展了 9 个纯捕集示范项目、12 个地质利用与封存项目，其中包含 10 个全流程示范项目。目前，我国基本具备了设计规模化捕集系统的能力，完成了二氧化碳利用技术评估和全国地质封存潜力评价。燃烧后二氧化碳捕集能力最高达到 12 万 t/年，再生热耗 2.8GJ/t 二氧化碳，捕集电耗低于 60kWh/t 二氧化碳。15 万 t/年燃烧后二氧化碳捕集和封存全流程项目正在建设中。最大的燃烧前二氧化碳捕集装置规模达到 9.6 万 t/年，单位能耗 2.2GJ/t 二氧化碳。建成并投运了 3MWth 和 35MWth 粉煤富氧燃烧中试试验平台，干烟气二氧化碳浓度可稳定在 80%以上，完成了 200MWe 等级示范电站的概念设计。1MWth 循环流化床富氧燃烧中试实验平台已建成，可实现 50%氧气浓度的连续稳定运行。在二氧化碳利用与封存方面，我国建成了首个 10 万 t/年级深部咸水层二氧化碳地质储存示范工程，建设了一批利用二氧化碳驱油示范项目，中石油吉林油田 EOR（提高原油采收率）项目已经完成 50 万 t/年的建设，实际规模达到 28 万 t/年，为亚洲最大的 EOR 项目。

智慧火力发电技术方面，随着互联网、5G、云计算、人工智能、边缘计算等技术的飞速发展，电力生产开始加速向数字化、信息化和智能化方向迈进。在我国密集发布的各种政策规划指引下，发展智慧火力发电技术成为我国能源革命和电力产业转型升级至关重要的环节，具有重大战略意义。目前，智慧火力发电技术主要以发电过程的数字化、自动化、信息化、标准化为基础，以管控一体化、大数据、云计算、物联网为平台，集成智能传感与执行、智能控制与优化、智能管理与决策等技术，形成一种具备自学习、自适应、自趋优、自恢复、自组织的智能发电运行控制管理模式，实现更加安全、高效、清洁、低碳、灵活的生产目标。

新一代高参数超超临界发电关键技术方面，截至2018年底，我国在役600MW及以上机组701台，其中1000MW级机组112台，占煤电机组总容量的11%。我国投产了百余台 600℃等级的超超临界机组；2013 年底投产的田集二期超超临界660MW机组将机组参数提高到620℃；2015年世界首台1000MW超超临界二次再热发电机组在江苏泰州电厂二期工程投产，参数达到31MPa/600℃/610℃/610℃，标志着我国燃煤发电进入先进的二次再热阶段。同年建成的华能莱芜电厂是世界上发电效率最高、环保指标最优的燃煤电站。目前我国超超临界机组技术水平、发展速度、装机容量和机组数量均已跃居世界首位，600～620℃大容量超超临界发电机组已成为我国火力发电主力机组，对优化火电行业结构、全面提高燃煤发电效率、减少污染物排放做出了重大贡献。

煤基联合循环发电及多联产技术方面，煤基联合循环发电及多联产技术可同时灵活使用煤炭和天然气，实现电力快速灵活调峰，并可在发电和供热的同时，联产氢气、合成天然气、液体燃料等高附加值产品，具有综合能源系统的优势，是近期最有希望率先突破50%净发电效率的大容量煤基清洁发电技术。2012年，我国自主设计建设了基于E级燃气轮机的华能天津250MW级IGCC示范电站，规模与运行可靠性与世界基本同步，掌握了大型煤气化及煤气净化、大型空分、除燃气轮机外的联合循环发电系统关键技术。2016年，建成基于IGCC的燃烧前二氧化碳捕集装置并投入运行，二氧化碳捕集规模为10万t/年，技术参数达到国际领先水平。

煤炭与生物质、污泥及垃圾耦合高效发电技术方面，由于燃煤机组具有热电资源丰富、锅炉燃烧温度高以及烟气净化系统完善等优势条件，近年来煤炭与生物质、污泥及垃圾耦合高效发电技术在城市废弃物资源化、减量化及无害化处置中作用日益显著。目前，污泥及生物质耦合发电均建成了试点项目，但运行时间短，未经过大量运行时间检验，部分垃圾耦合发电技术路线已进入工业试验阶段，其中机理、污染物排放特性及重金属迁移特性等已开始进行研究。

燃煤机组灵活性改造技术方面，我国新能源集中开发地区的电源结构性矛盾突出，火电调峰能力不足，对燃煤机组灵活性改造技术有迫切需求。2016年6月，国家能源局选取可再生能源消纳问题较为突出地区的 22 个典型项目作为燃煤机组灵活性改造技术试点。同年，完成国家能源局华能临河热电厂Ⅰ号机组灵活性改造示范项目。后续分别在华能秦岭电厂、长春热电厂、伊春热电厂、丹东电厂等开展灵活性改造，相关工作主要集中在低负荷稳燃和供热机组热电解耦方面，较大程度上缓解了北方地区新能源消纳的问题。

4. 新能源发电及利用技术

我国新能源发电以风电、光伏发电为主，是全球风电和光伏发电发展最快的国家。截至 2019 年底，我国风电、光伏发电装机容量分别为 210GW 和 204GW，约占我国电源总容量的 20.6%，新能源发电已成为我国第二大电源。通过新能源功率预测、优化调度、并网检测等技术实现了大规模新能源的安全并网和高效消纳，在大规模新能源并网技术方面处于国内领先、国际先进水平。中东部地区分布式光伏发电快速发展，截至 2019 年底，分布式光伏发电装机容量超过 60GW，分布式新能源规模化、多点分散接入及间歇性、随机性带来的电压频繁波动、越限等问题初步得到解决。光热发电开始起步，处于技术研发与集成示范的产业化导入时期。我国海上风电装机容量逐年提升，2019 年中国仍然是海上风电新装机容量的领跑者，新增装机容量超过 2.3GW，已经进入快速发展和产业形成阶段。

海上风电规模化开发和智能运维技术方面，“十三五”期间我国正式开启了沿海海上风电资源的区域化开发，并积攒了海上风电场站开发的相关经验；持续深入进行海上风电机组大型化研发及设备研制；初步实践了传统固定式海上风电机组的工程应用；完成并验证了百兆瓦级海上风电场站交流组网系统化方案；完成了百兆瓦级交流海上风电场站及海上升压站关键设备的研制和海上极端环境改造；积累了海上风电场站无人化管理和运行检修的相关经验；完成了海上风电场站实际运行管理的大量关键数据积累。

新能源发电并网主动支撑控制技术方面，研发了我国首套具有自主知识产权的新能源功率预测系统与优化调度系统，开发了能够模拟新能源生产运行的仿真分析软件（新能源生产模拟系统），可用于新能源消纳量化分析、新能源开发布局、电力系统规划和运行分析。研发了大规模新能源电站多层级智能化运行控制系统、基于数模实时仿真的新能源主动支撑控制及决策系统等控制系统，并进行了示范应用。建成了张北试验检测基地，能全面开展 12 类 238 个参数的并网检测，保证了我国新能源的快速发展和有效并网。

海量分布式新能源自主运行与智能控制技术方面，掌握了单元式光伏虚拟同步发电机、阻抗重塑谐振抑制、多机并联环流抑制等光伏发电控制技术，提出了分布式光伏发电网格化监测和功率预测方法，分析了高比例并网接入的分布式新能源集群运行特性，构建了基于云管边端的分布式电源集群调度控制体系架构，研发了分布式电源集群调度控制与消纳分析系统，并实现示范应用，初步实现了分布式电源的可观、可测、可控、可调，同时编制了 DL/T 2041—2019《分布式电源接入电网承载力评估导则》，保障了大规模分布式新能源与电网友好协调及最大化并网消纳。

先进太阳能热发电技术方面，2016 年，财政部、国家发展改革委和国家能源局共同努力，启动了首批 20 个太阳能热发电示范项目建设，总示范规模约 1350MW。我国太阳能热发电的商业化开始起步，在国际市场，中国企业项目最为突出的是 2018 年上海电气与沙特阿拉伯的 ACWA 能源公司合作，中标了迪拜水务局（DEWA）一塔三槽 700MW 光热发电项目，上海电气作为项目的联合投标方和 EPC。除了电站建设外，我国太阳能热发电产业链也得以形成。依据《2018 年度太阳能热发电及采暖技术产业蓝皮书》（国家太阳能光热联盟，2019）数据，我国的太阳能产业链已经覆盖了太阳能热发电的所有环节。目前摩洛哥和阿联酋已经实施了装机规模为 500～900MW 的太阳能光伏发电+太阳能热发电的混合太阳能电站形式。随着光伏发电的安装量增加，聚焦型太阳能热发电（concentrating solar power，CSP）的装机也会随之增加。经过国家各级政府十余年的支持，我国的太阳能热发电已经建立了完整的产业链，可以达到完全自主知识产权。"十三五"期间研制了 6MW 超临界二氧化碳（sCO_2）透平压缩发电机组，在 sCO_2 发电技术上取得重大突破。今后的主要发展方向是降低成本，主要包括聚光系统和储热系统两个方面。

5. 新一代核能发电技术

"十二五""十三五"以来，我国核电产业取得举世瞩目的成就，截至 2020 年 5 月，我国大陆共有 62 台核电机组，其中 47 台机组装料投入运行，装机容量 4873 万 kW，位居全球第三，在建核电机组 15 台，位居世界第一。核电技术已步入世界先进行列，形成了国和一号、华龙一号三代核电自主品牌技术，开工建设具有第四代特征的高温气冷堆示范工程，建成实验快堆且成功并网发电，聚变堆、熔盐堆等其他先进核电技术也得到长足发展。三代先进压水堆核电设备国产化率达到 85%以上，具备年供 10 套以上主设备的制造能力。但同时也看到，与美国、俄罗斯、法国等核电和核技术强国相比，目前我国核电技术基础科学研究、关键材料和关键设备、行业标准体系建设等方面仍然存在较大差距，亟需进行整体布局规划，"十四五"期间需要重点攻关，实现"卡脖子"关键技术和部件的国产化，以完成"核电大国"向"核电强国"转变。

核岛先进主泵关键技术方面，经过多年的努力，通过技术引进及消化吸收，依托国家科技重大专项立项研究，我国实现了主泵屏蔽电机系统设计、试验台架、关键部件和金属材料的国产化研究及试制，目前已经成功开发 CAP1000 核岛屏蔽主泵工程样机并完成调试，国和一号屏蔽主泵研制稳步推进，正在开展总体验证试验，主泵技术研究和开发能力取得了阶段性成果。但在大功率可靠主泵屏蔽电机设计模拟技术、抗震设计分析、试验回路设计优化、部分高性能材料国产化、表面处理工艺和水润滑轴承技术方面距离世界一流水平仍然存在较大差距，相关关键技术亟待研究解决。

核电站数字化仪控系统及关键芯片方面，依托“十二五”“十三五”期间科技重大专项，我国已研制成功了新一代基于 FPGA（field-programmable gate array）芯片的数字化反应堆保护系统，成为全球首个通过中美政府核安全监督机构行政许可的核电站反应堆保护系统平台，在关键芯片（FPGA 芯片）、操作系统等关键元器件方面进行了国产化替代研制，现已完成原理样机生产制造，具备了向示范项目供货的能力，多项技术填补了我国仪控系统的技术空白，形成了自主化的核电仪控国产品牌。但通用芯片仍未采用国产化芯片，后续需要进一步开展基于国产化通用基础芯片的反应堆保护系统平台开发和系统替代工作，打破核心技术与高端装备仍然被西方少数国家垄断的局面，全面实现反应堆保护系统自主可控。

多用途、高效能小型先进反应堆技术方面，“十三五”期间，国内涉核企业进一步加快小堆技术研发的步伐，利用小堆功率小、模块化、固有安全性高的特征，将其进行组合，在适应电网供电、城市供暖、工业工艺供热、海水淡化、海洋资源开发等需求方面做出了一系列卓有成效的工作，已经开发的机型有中核集团 ACP100、中广核的 ACPR100/ACPR50s、国家电投集团的 CAP150/CAP200/HAPPY200 等，整体设计技术处于国际先进水平，目前示范项目前期工作已经全面展开，具备建设条件。但我国在小堆经济性、安全审批规范、关键材料和设备上需要进一步加快研究，为后续批量化建设做准备。

大型核电基地核能综合利用关键技术方面，目前我国核能主要用于发电，大型核电基地核能综合利用还处于起步阶段，2019 年 11 月全国首个核能商业供热项目在山东海阳上线，通过三代机组 AP1000 热电联产、抽气供热的方式，海阳核电成功实现第一阶段 70 万 m^2 核能供热目标，此举开创了国内核能商业供热的先河。随着远距离输热、海水淡化、制氢技术的发展，尤其是三代、四代核能系统技术逐渐成熟，大型核电基地核能综合利用将迎来高速发展期，为我国核电产业发展和“走出去”战略提供综合解决方案，核能综合利用总体技术水平已得到较大提升，具备自主化研发和建设的基础。

乏燃料循环后处理、中低放废物处置技术方面，我国于 20 世纪 70 年代开始动力堆乏燃料后处理技术研究，经过多年的实践和探索，我国已掌握了后处理总体技术和部分关键设备制造技术，成为世界上少数几个实现乏燃料后处理的国家。核燃料后处理和放射化学实验设施于 2014 年 9 月完成。目前计划建立一个商业后处理厂项目，并启动中法合作，我国后处理技术的发展正逐步进入快车道。然而，我国从事乏燃料领域的科研设计单位较少，示范项目以法国阿海珐公司为主导。设备方面，虽然部分产品已经基本实现国产化，但工艺流程主设备技术难度较高，距离大规模国产化仍具有较长的路线要走，如剪切机、溶液反应器、离心澄清器和脉冲过滤器、萃取分离器、玻璃固化装置等。我国中低放废物处置技术目前还处于跟踪研发阶段，处置场地完成了选址初可研，未开展工程建设。“十四五”期间需要加大投入，实现处置技术和装备关键技术突破，建设首个集中的中低放废物处置场。

可控核聚变关键技术，我国核聚变研究起步于 20 世纪 50 年代，经过多年的探索，我国磁约束核聚变的研究重点现主要集中在托卡马克装置上。1994 年，中科院等离子体所建成了中国第一（世界第四）个超导托克马克装置 HT–7。2002 年，西南物理研究院建成 HL–2A，该装置是我国第一个具有先进偏滤器位形的非圆截面的托卡马克核聚变实验研究装置，为我国下一步聚变堆研究与发展提供技术基础。2006 年，中科院等离子体所研制的中国“东方超环”（EAST）是世界上首个全超导托克马克装置，并在运行中取得了一系列震惊中外的成果，其中最显著的就是大于 400s 的长脉冲等离子体运行，EAST 做出的这些国际一流的成果，对未来国际热核聚变实验堆计划（ITER）科学实验有重要意义。目前我国已加入 ITER 建设工作，并成为 ITER 建设工作的主要承担国，80%的设备将由中国自主化制造后运往欧洲，我国的核聚变研究水平已经进入了世界先进行列。2017 年，“中国聚变工程实验堆集成工程设计研究”（CFETR 集成工程设计研究）项目获批，通过 CFETR 聚变实验堆建设，将进一步加快我国聚变能发展战略进程，为建造商用聚变堆提供全面的工程技术基础、数据管理体系及安全评价标准等，对解决能源危机问题具有重要意义。

事故容错核燃料（ATF）技术方面，中国核燃料组件的设计虽然起步较晚，但随着核电机组建设规模扩大，在近期发展较快。我国的 ATF 燃料研发计划始于 2013 年，该计划将实现 ATF 在压水堆、模块化小型堆和未来先进反应堆的应用，计划 2024 年实现压水堆 LTR/LTA 入堆，2026 年实现 ATF 燃料批量生产和模块化小堆 LTR/LTA

入堆。在 ATF 芯块研发方面，中国工程物理研究院已开展多种 ATF 芯块研发，开发了多孔的 U－Mo、U－Zr 合金燃料，相比 UO_2 芯块显著改善了热导率、机械性能及对裂变气体的容纳能力。中核北方开展了 UO_2－BeO 高热导芯块研制，芯块的热导率提升超过了 1 倍；在 ATF 包壳研发方面，改进型锆合金包壳、新型金属包壳和复合陶瓷包壳的研究都在进行中。我国已针对 SiC/SiC 复合材料包壳和 MAX 相包壳已提出了多种技术方案，并已开展相关制备工艺和性能检测技术开发，有望“十四五”实现中试并小批量生产。

核电“智慧工地”建设智能化应用技术方面，“智慧工地”是一个新兴概念，是在互联网时代催生出的新一代核电工程管理工具，在核电项目也是首次研究开发。目前依托国家科技重大专项国和一号示范工程，将该智慧系统与核电站仪控系统相结合，实现从工程期管理到生产期管理的过渡。5G 技术将被应用于“智慧工地”系统开发中，实现现场对人员的精准定位，对核电建设全周期进行全面数字化智慧管理，为我国自主化三代核电国和一号高质量建设、批量化推广和“走出去”战略做好强有力支撑。

高温气冷堆核电关键技术方面，高温气冷堆作为国际公认的第四代先进核能系统，具有的固有安全性高、发电效率高、系统简单、用途广泛等特点，是国际核能领域第四代核能系统中六种备选堆型之一。经过多年的消化吸收和自主研发，在已经建成并运行的高温气冷实验堆 HTR－10 的技术基础上，我国已经成功开发出发电功率为 20 万 kW 级、具有自主知识产权的高温气冷堆核电站核电技术，该项目属于国家重大科技专项。目前示范工程设计与技术研发基本完成，主设备已全部到货；针对蒸汽发生器、燃料装卸系统、控制棒及其驱动机构、吸收球停堆系统、主氦风机、氦净化系统六大系统，在堆外模拟氦气热态全压条件下开展全尺寸工程验证，主要系统关键技术研发及试验验证全部完成。计划 2021 年首次并网发电。我国高温气冷堆核电技术已走在世界前列，全球首台商用机组将在我国实现并网发电。

6. 水力发电技术

“十三五”期间，持续推进白鹤滩、两河口、双江口等水电站建设，装机容量居中国第三、世界第七的金沙江乌东德水电站投产发电，安装 12 台单机容量 85 万 kW 的水轮发电机组，装机容量居世界第二的白鹤滩水电站首批机组于 2020 年投产发电，将安装 16 台单机容量 100 万 kW 水轮发电机组，标志着我国水电装备进入世界水电“无人区”。

高地震区、超厚覆盖层筑坝防渗技术研究方面，随着我国水利水电事业发展，覆盖层上建设高坝不断取得成功，防渗技术不断提高，特别是在地质条件复杂的西南山区相继建成若干千万千瓦级巨型水电工程，围绕高地震区建设高坝、复杂地质坝基处理和大坝防渗开展了深入技术攻关，攻克了深厚覆盖层围堰防渗墙施工关键技术研究，形成了“两钻一抓循环钻进法+平打法+钻劈法”组合成槽工艺，创造了国内深度第一的乌东德围堰防渗墙，积累了丰富的工程经验。

深埋地下长大隧洞和超大型地下洞室群建设技术方面，经过多年的发展，通过理论创新、室内试验与现场测试、数值分析与工程类比、实时监控与反馈优化、工程设计与工程建设管理相结合的方式，突破了高地应力、长大错动带、硬脆岩性岩体等复杂地质条件下建造巨型地下洞室群的技术难题，实现了一系列千万千瓦级巨型电站的相继建成与投产发电，发挥了巨大经济和社会效益。

环境保护与生态修复技术方面，当前，我国水电开发生态环保技术已取得重要突破，在水温恢复、生态流量保障、过鱼设施、鱼类栖息地保护、珍稀特有鱼类人工驯养繁殖、生态调度、植被恢复与水土保持等关键技术方面取得了重要成果；有效协调了水电开发与环境保护关系，建成了一批生态友好型水电站，分层取水、过鱼设施、栖息地保护、生态调度等环保措施逐步实现了推广应用。

高水头大容量水电机组技术方面，通过三峡、溪洛渡、向家坝、乌东德、白鹤滩电站等巨型水电工程，推动了我国水电机组技术水平跨越式发展，已具有自主知识产权的 1000MW 水轮发电机组设计制造技术，达到了世界领先水平。

水电建设运维数字化、智能化技术方面，目前，智能化筑坝关键技术及管理行业领先，在溪洛渡水电站的基础上，进一步依托乌东德、白鹤滩水电站开展智能化筑坝关键技术深化研究和全面应用，取得了重要阶段性成果。

流域梯级水电站群多目标调度与运维技术方面，金沙江下游—三峡梯级电站群和清江梯级电站联合调度不断深化，水资源综合利用水平不断提升，三峡集团所属电站高标准、精细化的运行管理，关键运行指标处于行业领先水平，形成了流域梯级电站联合调度和大水电运营管理的核心能力。

水电工程健康诊断、评估与修复技术方面，在三峡、葛洲坝、溪洛渡、向家坝等水电站分别开展螺栓裂纹在线监测、推力轴承油膜厚度及油质在线监测、水电站全息监测技术的研究和试点，为水电机组远程故障诊断和状态检修奠定了技术基础。此外，成功研制了水电站水下检修机器人，开发了大坝安全监测信息诊断分析系统，为水库大坝安全防护奠定了基础。

高海拔严寒地区复杂条件下高适应性筑坝材料技术方面，近年来，通过开展科技攻关，筑坝技术在混凝土坝应力与稳定分析、大坝结构体型设计、混凝土材料生产配制、施工仿真与监测、智能建造等方面取得了一系列研究成果，支撑了巨型工程的高质量建设，大批工程建成并成功投运标志着我国混凝土筑坝水平进入世界先进行列。

7. 电力装备制造技术

电力装备制造业是国民经济的支柱性产业，经过多年的发展，我国电力装备制造技术突飞猛进，取得了巨大的成果，整体已经处于国际先进水平，部分技术方向达到国际领先水平，特高压输变电成套装备、智能电网成套保护控制装备等核心自主创新关键技术支撑我国建成了全世界最大的交直流混合大电网。近年来，电力装备制造业在清洁能源消纳、终端电气化率等方面不断实现技术突破和产业发展，同时也在着力补齐短板技术，助力国家能源安全，助力我国社会实现清洁低碳、可持续发展的能源消费模式。

在基于全自主可控的二次控保设备设计及制造技术方面，随着近年来电力二次控保设备自主可控技术研究领域的投入，在常规变电站继电保护方面，自主可控设备的研制工作已初见成效，齐套化、覆盖全电压等级的系列化继电保护设备陆续投入工程试运行；在智能变电站继电保护方面，间隔层设备和过程层设备研制工作正处于攻坚阶段，即将开展原型机集中检测和试点工作。在现阶段研究工作中，自主元器件技术性能及稳定性较差、基础软件技术可控水平及二次设备信息安全水平有待提升等短板较为突出，有必要持续、深入推进相关研究工作。当前，面向常规直流输电、柔性直流输电及其他电力电子输电装备等应用的自主可控二次控保设备尚待研发；与变电站应用相比，上述应用中二次控保的系统复杂度、实时计算及通信性能更高，迫切需要针对性开展高性能自主可控二次设备系统的技术攻关工作。

在高压大容量油浸式电力设备主动保护技术方面，“十三五”期间，结合我国重大工程建设需求，高压大容量油浸式电力设备保护技术取得长足进展，可以快速、可靠切除影响电网安全运行的故障，满足系统安全对保护的要求。油浸式电力设备内部发生大电流短路故障时，即使现有保护快速动作，但由于油箱内巨大电弧能量引起绝缘油高温裂解气化，压力过大导致油箱破裂，从而造成爆炸，难以满足设备安全要求。此类事件时有发生，极大地威胁电网安全和人身安全。只有在内部缺陷未发展至故障时，保护主动预警、隔离，才能避免此类事件的发生。该项保护技术属于亟待解决的“硬骨头”，亟需开展高压大容量油浸式电力设备主动保护技术研究，提升大电网安全和设备安全的运行水平。

在可抵御换相失败的特高压常规直流输电技术方面，“十三五”期间，结合我国重大工程建设需求，常规直流输电技术和柔性直流输电技术领域均获重大突破，突破了±1100kV/5500A 和±800kV/6250A 特高压常规直流输电关键技术，单工程输送容量提升至 10GW 级，成果应用于多个特高压直流输电工程，但并没有较彻底地解决换相失败问题。

在紧凑型、低损耗、高可靠性的特高压柔性直流输电技术方面，“十三五”期间，结合国产高压大功率半导体器件应用，实现了柔性直流换流阀与高压直流断路器等设备关键技术的突破与产品的成功研制，参数达±800kV/5000MW 和 500kV/26kA，推动了我国舟山±200kV、南澳±160kV、张北±500kV 柔性直流电网工程。在特高压柔性直流输电方面，开展了前期技术研究与示范工程——乌东德±800kV 特高压混合直流输电示范工程建设。在设备的紧凑化、低损耗、高可靠性等方面仍有提升空间。

在超特高压变压器分接开关研制方面，目前我国在运特高压换流变压器超过 500 台，其中分接开关主要来自瑞典 ABB 和德国 MR 公司。我国国产技术主要以上海华明为代表，主要产品以 220kV 及以下电压等级为主。由于进口分接开关在超特高压领域一直处于垄断地位，产品价格高、交货期长；近年来，在运的特高压直流工程有载分接开关也常出现继电器、压力释放阀误动作等缺陷。该技术属于亟需解决的“卡脖子”关键技术，亟需开展相关研发补齐短板技术，并进一步提高运行可靠性。

在超高压大容量开关技术方面，经过“十三五”的发展，我国在超高压大容量开关技术取得了长足进步，研制了基于多真空灭弧室串联方案的 363kV/5000A/63kA 快速断路器，研制成功极低重击穿概率 550/800/1100kV 滤波器专用断路器并实现应用。但随着电网规模日益扩大，短路电流抑制、高压大容量快速开断、直流分量下的大容量开断等技术需求愈发迫切，亟需开展相关研究。

在大容量发电机保护断路器研制方面，目前，我国在已经研制成功了 100kA、130kA 以及 160kA 的发电机出口保护断路器，打破了相关领域产品的国外垄断。但对于 800MW 以上发电机出口保护断路器，仍然存在技术瓶颈，该技术属于亟需解决的“卡脖子”关键技术，亟需开展相关研究，补齐技术短板，实现关键技术和产品不受制于人。

在特高压交直流套管可靠性评价技术研究方面，近年来，我国相关领域先后组织国内套管制造厂家、科研单位与高等院校，研究建立了特高压交流套管全电压大电流试验平台，开展了离线检测、在线监测、故障分析、安装维护等运维技术研究工作。特高压交直流套管电压高、容量大、使用环境恶劣、对性能指标要求精良，再加上国产产品未经电、热、机械综合应力下的长期性能考核，可靠性评价技术薄弱，直接应用于工程风险较大，亟需开展相关研究。

±660kV 柔性直流海缆技术前期研究方面，随着我国远海风电开发日益提升议程，高电压等级的直流海缆技术成为制约发展的关键因素。我国国内柔性直流海缆产业近年来发展较快，±535kV 柔性直流海缆已经实现产品化，但最关键的绝缘材料技术、软接头等方面属于技术空白，主要以外购为主，另外，目前柔性直流海缆最高工作温度仅为 70℃，制约了输送容量的继续提升。因此，需要开展高电压等级柔性直流海缆系统关键技术研究，适应远海风电并网接入需求。

在 SF_6 替代气体及其开关设备技术方面，国内目前开展了大量的相关技术研究和产品研发，其中，在 35kV 及以下电压等级的柜式开关设备中，结合真空开断技术已经实现了无 SF_6 的产品级应用。但在更高电压等级的开关设备中，SF_6 的灭弧替代仍缺乏相关研究成果的突破，制约了环保型气体开关的研发进程。另外，环保型气体在放电与电弧作用下易分解产生氟碳物，其中的机理需要深入研究。

在高电压等级真空断路器研制技术方面，“十三五”期间，我国相关单位通过自主创新重点开展 126kV 真空断路器技术研究，完成了高参数 126kV 真空断路器研制，并成功研制采用 126kV 真空灭弧室、纯二氧化碳作为绝缘介质的环保型 126kV GIS。下一步，需要持续提升电压等级，研制 252kV 及以上单断口真空断路器，支持输变电开关设备绿色、环保技术水平的持续提升。

8. 共性、基础性、前瞻性技术

当前，人类正在经历一场重大的能源变革，可再生能源将在一次能源中占主导地位，电力将在终端能源中占主导地位。由于可再生能源具有时变性、不可调度性和地理上不可平移性的特点，其资源特点是由自然条件确定的，与人类对能源的需求特点相差悬殊，为此，需要通过各种技术措施来保障可再生能源发电满足人类的能源需求。与此同时，人类对电力系统的效率和供电的安全可靠性提出了更高的要求，因此，对电力系统的运行控制和电力装备提出了新的技术需求，促使现代材料技术、信息技术、控制技术等在电网中的应用得到飞速发展。总之，电力生产的清洁化和低碳化，以及电力输配的高效化和智能化，是电力科技发展的重要方向。

在新的能源变革和现代科技革命的背景下，驱动电力科技进步的共性、基础性、前瞻性技术主要包括基础性材料和电力电子器件、新型储能技术、新型电力传感器、电力工控芯片、网络安全技术、电力气象技术等。“十四五”期间，我国应重点在上述技术领域中的"卡脖子"技术和引领电力技术发展的重大前瞻性技术领域加强布局，以支撑可再生能源电力比重的不断提高，保障我国电网的安全性和可靠性，并全面提升我国电网的信息化和智能化水平。

近年来，我国通过不断加强自主创新和消化吸收再创新的战略部署和实施，在支撑电力工业发展的共性、基础性、前瞻性技术方面取得了长足的发展。在先进电工材料及其制备技术方面，初步形成了自身的材料研究和产业体系，基本上满足了国内制造业发展的需求，特别是在新型纳米高导电铜、高温超导材料、新型智能绝缘材料、新型压敏材料等方面，形成了创新特色，部分研究工作处于国际性领先水平。在半导体材料及新型电力电子器件技术方面，功率半导体产业规模初步形成，高压器件的设计及制造技术已取得重要突破，在器件的设计、制造、封装和测试方面获得重大进展，国产器件的基本电气参数已达到国际先进企业同等产品的水平。在能源互联网智能动态网络安全技术方面，我国电网建成生产控制大区、管理信息大区"两个大区"和互联网边界、信息内外网边界、管理信息大区与生产控制大区边界安全防护"三道防线"。随着大数据、人工智能、拟态防御等新技术的快速发展，我国电网也开始投入建设一批基于大数据分析的安全监测、基于人工智能的态势感知与自动化评估、拟态防御技术及装备研制等项目，但智能化动态防御设备及系统尚不成熟，核心部件依赖国外，无法实现全面国产化，导致安全不可控。在新型储能技术方面，在锂离子电池、钒基液流电池、压缩空气储能、飞轮储能、超导储能等方面取得长足的发展，有力地支撑了电动汽车产业和分布式能源等的发展，并建成了张北风光储输示范工程、可再生能源制甲醇示范工程等，为可再生能源规模消纳和电力储存提供了有力的支撑。在电力工控芯片关键技术方面，已经初步形成了产业体系，少数芯片如近距离无线通信芯片、传感器芯片等基本可以实现国产化替代。在新型低能耗高精度电力传感器方面，如巨磁阻传感器、光纤传感器、压电传感器、热电传感器、微型电场传感器、非接触式电压检测传感器、变压器局部放电监测传感器等方面总体处于国际先进行列，部分电力传感器已经具备实用化条件。在电力气象技术方面，结合可再生能源发展的需求，我国已经建成了地区级可再生能源预测预报的电力气象系统，基本支撑了可再生能源发展的需要。

二、发展新形势

1. 世界电力科技发展形势

当前，世界新一轮科技革命和产业变革方兴未艾，与我国加快转变经济发展方式形成历史性交汇。与此同时，国际黑天鹅事件持续涌现，单边主义、贸易保护主义、逆全球化思潮抬头，尤其是中美经贸摩擦和新冠肺炎疫情加剧了世界经济的不稳定性、不确定性。百年未有之大变局深刻改变了世界发展环境，加快世界经济发展新旧动能转换，各国间科技竞争日趋激烈。能源电力作为国家经济社会发展的命脉，一向是国际政治博弈的重要筹码，世界主要国家纷纷制定政策抢占能源电力科技制高点，尤其注重在基础科技领域做出大的创新，在关键核心技术领域取得大的突破，进而争夺国际能源电力产业主导权，增强国家竞争力。

此外，随着全球应对气候变化行动加速及资源环境制约不断强化，全球能源电力体系总体向清洁化、低碳化转型，并运用智慧化手段为转型提供支撑。近年来，清洁低碳成为电力科技创新的主要方向，可再生能源得以加速转变为全球主体能源之一，传统化石能源实现清洁高效利用，节能与能效提升技术持续性迭代创新，助力打造绿色环保和资源高效利用的电力生产与消费结构为全球经济发展提供绿色发展新动能。围绕清洁低碳转型及其带来的运行管理方面的挑战，世界各国紧抓能源革命与数字革命深度融合的战略机遇期，加快推动电力系统智慧化升级，提升系统开发与设备运行效率，提高能源资源优化配置与安全保障能力，加快构建现代能源体系。

2. 国内电力科技发展形势

“十四五”时期将是我国经济实现质变的关键时期，须加快形成以创新为引领的经济体系和发展模式。我国电力发展，应坚持以国家战略需求为导向，践行创新、协调、绿色、开放、共享的发展理念，贯彻落实“四个革命、一个合作”能源安全新战略，充分发挥电力技术创新在建设清洁低碳、安全高效能源体系及驱动经济社会绿色发展中的引领和支撑作用，实现我国从能源生产消费大国向能源技术强国转变。

一是经济社会高质量发展要求依托创新打破电力“不可能三角”[1]。2020 年 7 月 30 日召开的中共中央政治局会议明确指出，我国经济社会已进入高质量发展阶段。高质量发展是能够更好满足人民日益增长的美好生活需要的发展，必然要求电力发展处理好生态文明建设与经济社会发展间的关系，决定了电力供给既要绿色环保，又要安全可靠，还要经济便捷，加剧了电力“不可能三角”的压力。新一轮产业革命背景下，创新是电力发展与转型升级的不竭动力，在能源革命中起引领与支撑作用。要破除电力“不可能三角”，就必须坚持以创新引领发展，着力从要素驱动、

[1] 电力“不可能三角”：指在一定技术经济条件下，电力发展难以同时实现安全性、经济性和低碳性三项目标要求。

投资规模驱动发展为主向以创新驱动发展为主进行转变，依托技术及模式创新实现电力发展质量、效率与动力变革。

二是保能源安全与碳减排要求推动能源生产与消费变革。我国"富煤、贫油、少气"的资源禀赋决定了我国能源电力结构长期以煤为主，由此带来的碳排放和能源资源瓶颈等问题日渐突出。作为世界第一大温室气体排放国，我国面临的碳减排压力凸显。习近平总书记在第七十五届联合国大会一般性辩论上提出，中国将提高国家自主贡献力度，采取更加有力的政策和措施，二氧化碳排放力争于2030年前达到峰值，努力争取2060年前实现碳中和。此外，习近平总书记还指出，我国石油对外依存度达到70%以上，油气勘探开发、新能源技术发展不足。因此，我国电力发展需要持续推动电力生产与消费变革。从生产侧来看，煤炭依然承担着我国能源电力安全压舱石的作用，推动煤炭的高效清洁低碳利用成为电力技术发展的重点方向之一，同时依托可再生能源技术、核安全与先进核能技术等加强清洁低碳能源开发利用。从消费侧来看，持续加强先进节能技术研发与推广，推动电能替代关键技术创新，提高我国能源安全保障水平。

三是双循环发展新格局要求提高我国共性、基础性、前瞻性电力技术的自主研发能力。"十三五"期间，我国电力技术取得了长足的发展，然而自主创新、原始创新能力依然不足，尤其是关键领域的部分基础性技术对外依赖严重。习近平总书记提出，要推动形成以国内大循环为主体、国内国际双循环相互促进的新发展格局，同时指出，基础研究是科技创新的源头。以国内大循环为主体的经济发展格局，必然要求我国电力发展着眼长远，提高对辐射领域广、带动作用大、影响程度深的共性、基础性、前瞻性电力技术的自主研发能力，提高核心电子器件、高端电力工控芯片及基础软件产品等"卡脖子"技术的国产化水平，提高我国电力产业链的发展韧性，依托电力技术进步增强我国电力产业供给能力，提升对国内上下游产业拉动水平，培育自主可控的电力产业生态系统。

四是新型基础设施建设为电力技术跨越式发展带来可能。当前，"大云物移智链"等先进数字化技术不断取得突破，并深度赋能实体经济发展，互联网产业逐渐由传统的消费互联网向产业互联网发展，驱动人类生产生活方式发生革命性变化。习近平总书记强调，要加快传统基础设施和5G、人工智能等新型基础设施建设。智慧能源基础设施是一类典型的新型基础设施，也是产业互联网赋能传统能源行业的重要载体，有助于重构能源与数据两大生产要素的耦合关系。未来，智慧能源基础设施建设必将加快电力技术与数字化技术的集成创新与融合应用，推动数字化技术在电力系统规划、建设、运行、检修等全环节各场景的开发与应用，加强不同能源品种、不同环节间的协调互动，实现源网荷储一体化运行，实现电力与其他能源品种间的深度耦合，加速智能电网、能源互联网的建设与升级，为电力技术跨越式发展带来可能。

五是制造强国战略要求推动电力装备制造技术全面领先。制造业是国民经济的主体，是立国之本、兴国之器、强国之基。习近平总书记指出，装备制造业是国之重器，是实体经济的重要组成部分，要把握优势，乘势而为，做强做优做大。我国电力装备制造技术整体处于国际先进水平，特高压输变电成套装备等部分技术方向达到国际领先水平，然而能源电力装备全链条协同发展不畅、部分核心装备依赖进口的问题依然存在。《中国制造 2025》是我国实施制造强国战略第一个十年的行动纲领，部署了包括电力装备等在内的十大重点领域。“十四五”是实现《中国制造 2025》的关键五年，要大力推进电力装备制造领域补短板工程，全面提升柔性直流输电等关键技术装备的制造及应用技术水平，实现电力装备制造技术的全面领先，提升在全球能源产业分工地位。

第二部分 “十四五”电力科技重大方向及关键技术

面对国际能源发展新趋势和能源供需格局新变化，习近平总书记提出了“四个革命、一个合作”能源安全新战略。“十四五”期间，落实国家能源安全新战略，建设清洁低碳、安全高效的能源体系，服务经济社会高质量发展，有必要重点加强智能电网技术、能源互联网技术、高效清洁低碳火力发电技术、新能源发电及利用技术、新一代核能发电技术、水力发电技术、电力装备制造技术以及共性、基础性、前瞻性技术的规划部署。

智能电网技术方面，以高比例可再生能源发电、电力高比例终端能源占比为核心场景，着力推动新一代电力系统的演化、规划与控制的基础理论及安全稳定分析的基础理论研究，加强弹性电网及生命线工程关键技术、源网荷储协同互动的电力系统运行调控技术、新一代电力系统的电力市场技术等关键技术规划，着力开展智能传感与量测技术、配电网与分布式能源等技术部署，打造安全、可靠、绿色、高效的输配电系统。

能源互联网技术方面，着眼于未来以电为中心、多种能源相互支持的能源发展趋势，开展多能高效转换与多元用户供需互动技术、能源互联网商业模式与市场机制，以及综合能源系统规划、运行及控制技术等关键技术规划，加强电力物联网技术、电力人工智能和先进计算技术、电力区块链技术、电力系统数字孪生技术、电力大数据科学与工程技术、信息通信新技术等技术应用，支撑能源电力清洁低碳转型、能源综合利用效率优化和多元主体灵活便捷接入，打造能源产业发展新形态。

高效清洁低碳火力发电技术方面，着眼于煤炭作为我国能源电力安全压舱石、以煤炭为主的能源结构将长期存在的客观情况，重点开展燃煤电厂烟气多污染物高效一体化协同治理技术、火力发电厂碳捕集与利用技术、智慧火力发电技术、新一代高参数超超临界发电关键技术、煤基联合循环发电及多联产技术，以及煤炭与生物质、污泥及垃圾耦合高效发电技术等关键技术的规划部署，推动煤炭资源节约、污染物及二氧化碳减排。

新能源发电及利用技术方面，着眼于“十四五”期间我国新能源发电装机规模及发电量将大幅增长的发展前景，重点开展海上风电规模化开发和智能运维技术、新能源发电并网主动支撑控制技术、海量分布式新能源自主运行与智能控制技术、先进太阳能热发电技术等关键技术规划部署，推动新能源的低成本、大规模、高效率开发利用。

新一代核能发电技术方面，着眼于实现从“核电大国”向“核电强国”转变，重点开展核岛先进主泵关键技术、大型核电基地核能综合利用关键技术、可控核聚变关键技术、事故容错核燃料（ATF）技术、核电“智慧工地”建设智能化应用技术、高温气冷堆核电关键技术规划，加强乏燃料循环后处理、中低放废物处置技术及多用途、高效能小型先进反应堆技术部署，推进核电站数字化仪控系统及关键芯片和仪表设备研究，助力核能的安全、高效利用。

水力发电技术方面，基于我国水电装备进入世界水电“无人区”等现状，重点开展深埋地下长大隧洞和超大型地下洞室群建设技术、环境保护与生态修复技术、高水头大容量水电机组技术、高海拔严寒地区复杂条件下高适应性筑坝材料技术及高地震区、超厚覆盖层筑坝防渗技术规划，加强水电建设运维数字化、智能化技术、流域梯级水电站群多目标调度与运维技术及水电工程健康诊断、评估与修复技术应用部署，解决水电开发带来的运维困难及生态环境保护等问题。

电力装备制造技术方面，着力补短板、强弱项、固优势，重点加强基于全自主可控的二次控保设备设计及制造技术、可抵御换相失败的特高压常规直流输电技术、超高压大容量开关技术、特高压交直流套管可靠性评价技术及紧凑型、低损耗、高可靠性的特高压柔性直流输电技术等技术规划，开展超特高压变压器分接开关、大容量发电机保护断路器、高电压等级真空断路器、SF_6替代气体及其开关设备研制，部署±660kV 柔性直流海缆技术前期研究，助力提高我国能源电力系统安全稳定运行能力、推动我国能源电力产业升级、保障国家能源安全。

共性、基础性、前瞻性技术方面，着力提升我国能源电力科技的自主研发与创新能力，重点加强先进电工材料及其制备技术、半导体材料及新型电力电子器件技术、能源互联网智能动态网络安全技术、新型储能技术、电力工控芯片关键技术、新型低能耗高精度电力传感器、电力气象技术等关键技术的规划部署，打造我国能源电力产业核心竞争优势。

一、重大技术方向一：智能电网技术

世界各国都十分重视智能电网建设项目。2001年，美国电力科学研究院提出了"智能电网"（intelligrid）的观念，并于2003年提出了《智能电网研究框架》；美国能源部发布了Grid 2030计划，通过采用先进的材料技术、超导技术、电力电子技术，重点研究电力控制、广域测量、实时仿真、可再生能源发电等技术，以构建全美骨干电网、区域电网与地方电网的多层电力网络，争取在2030年建成自动化、高效能、低投资、安全可靠和灵活应变的输配电系统，以保证整个电网的安全性、稳定性，提高供电的可靠性与服务质量；2009年，美国政府在应对经济危机的报告《经济复兴计划进度报告》中宣布将铺设或更新3000英里输电线路，并在未来三年内为美国家庭安装4000万个智能电能表；2009年4月，奥巴马政府宣布启动一项耗资约40亿美元的用于开发新的电力传输技术的计划。2005年，欧洲推出了《欧洲智能电网技术框架》，提出了超级智能电网（super smart grid）的概念；欧洲"智能电网技术论坛"在2010年4月发布了《欧洲未来电网战略部署文件》最终版本，协调欧洲各国智能电网的发展规划；欧盟计划到2020年将智能电能表覆盖率提高到80%；在欧盟国家中，丹麦是智能电网技术领先的国家，该国目前有20%的电力来自风力发电，并已开发出世界上智能化程度最高的电网，与此同时，丹麦政府还致力于与大公司结成战略同盟，建立更好的智能电网基础设施；英国在2009年8月提出了打造智能电网的计划，争取早日达到34%的二氧化碳减排目标。

打造安全、可靠、绿色、高效的智能电网，是落实"四个革命、一个合作"能源安全发展新战略的重要组成部分。当前，第四次工业革命正向经济社会各领域全面渗透，引领生产方式和经营管理模式快速变革。智能电网已经成为全球电网发展和科技进步的大趋势，欧美等发达国家已将其上升为国家战略。我国在智能电网关键技术、装备和示范应用方面具有良好的发展基础和国际竞争力。面对全球重大变革，面向推进电网数字化转型、智能化提升的战略诉求，致力构建清洁低碳、安全高效的能源体系，推动经济高质量发展，加快智能电网技术发展与应用具有重大战略意义。

智能电网技术依托数据的全面采集、存储、分析和不断提升的计算能力，将数字化技术与电网业务深度融合，并渗透至电力发、输、变、配、售、用各环节，成为电网智能化转型的驱动力，深刻地改变电力企业生产、经营和管理方式，带来用户体验的提升，以及实现新的业务模式的创新。

1. 新一代电力系统的演化、规划与控制的基础理论

“十四五”期间，重点研究新一代电力系统的发展演化机理、系统规划的优化理论和方法、系统安全稳定控制的关键技术，为我国可再生能源主导的新一代电力系统发展与运行奠定理论基础。

（1）技术现状及存在的问题。

随着能源转型的深入推进，电力系统也进入转变关键时期，电力系统在形态演变、规划方法和控制技术等方面都将面临新的挑战。一是电力系统安全稳定风险突出，2016 年澳大利亚南部“9.28”停电事故和 2019 年英国“8.9”停电事故表明，以新能源机组脱网为纽带的连锁反应导致停电风险不断提升，传统的以交直流电网、同步发电机为目标的控制手段无法逆转安全稳定水平下降趋势，降低运行效率保安全成为现实的无奈选择；二是在“十四五”期间新能源规划装机增量 3.3 亿 kW 的基础上，以电力为中心，融合多种能源形式互联的新一代电力系统将成为下一阶段的发展目标，传统的以电力、电量平衡为规划基础，同步安全稳定为技术目标，成本可控为经济目标，电网扩张为主要内容的规划理论和控制技术都明显滞后。

针对高比例新能源电力系统的研究，目前已经有较好的研究基础，一方面是按照“新能源发电同步化、新型负荷电源化”的思路，研究源荷侧的友好接入技术，适应传统电网的发展，如虚拟同步机、虚拟电厂技术等；另一方面，是对未来电网形态的探索和传统电力系统规划方法的提升，如新型直流电网规划和不确定性规划方法等。面对新能源的全网高速发展、多能源融合的新一代电力系统，亟需探索与之适应的演化机理、规划方法及控制技术。

（2）研究内容及目标。

重点探索以传统发电机为主的传统稳定形态向以电力电子装备切换控制为主导的稳定形态的演变规律，多类型电力电子装备间的耦合效应及其对稳定性影响机制，主动连续响应为主向交互式离散控制为主的稳定分析方法。重点突破适应多种能源形态转换的电力电量平衡分析方法，以复杂性理论为基础的电力系统演化理论、演化规律及演化分析方法，融合新能源友好接入技术，适应可再生能源大规模并网外送、分布式电源大规模发展，满足多能源融合互联需求的新一代电力系统结构形态及其规划方法。重点研发充分利用电力电子设备控制目标可控性的系统多层级安

全稳定控制技术，采用“大云物移智”技术、实现多种能源互联的新一代电力系统技术。

2025 年，西北、东北输送新能源特高压直流输送功率提升 50%以上；支撑“十四五”3.3 亿 kW 新能源装机容量增量情况下，保障弃风、弃光率维持在 5%以下，系统整体频率响应能力不出现下降。

2. 弹性电网及生命线工程关键技术

“十四五”期间，主要是深化研究弹性电网（电力系统恢复能力）基础理论，研究高比例可再生能源和高比例电力电子装备电力系统（“双高”电力系统）应对极端灾害事件的能力和保障必要供电能力的关键技术，研究构筑电力生命线工程的可行性和经济性。

（1）技术现状及存在的问题。

电力系统的低碳、绿色发展是实现能源变革的主要途径。有别于传统的发展模式，未来电力系统将面临内生故障失稳和外在破坏失电两种风险不断提升的局面。一方面，高比例新能源、高比例电力电子呈现的弱自主支撑能力，使得系统的抗扰动能力不断下降，但由于分布式电源、微网等形式的存在，增加了灾后恢复和重启的资源和灵活性；另一方面，物联网、能源互联网、信息网络与电力系统的融合加快，电力系统的暴露面增加，安全链延伸，在世界正处于百年未有之大变局、国际形势不容乐观、极端灾害天气频发的今天，作为社会运作基础的电力系统遭受极端自然灾害、网络攻击、人为破坏、物理攻击的风险不断累积。作为民用系统，投入极大的成本进行入地化建设既不经济，也并不能达到绝对安全，因此亟需开展利用一切资源的弹性电网、保障基本生存的生命线工程关键技术研究。

近年来，美国、欧盟及日本等国家及地区，围绕风险评估、设防标准和设备制造等方面，提出构建极端事件情形下，具有快速恢复供电能力的弹性电力系统作为应对电力安全威胁的主要措施。我国在有限的资料参考下，该方面的研究仅处于起步阶段，与国外存在技术代差，考虑到关键技术缺乏知识供应链，亟需在“十四五”期间开展自主研究。

（2）研究内容及目标。

重点突破极端灾害事件作用电力系统的破坏机理和破坏力评估模型，基于公共安全理论和系统论方法的全链条灾害演化理论、推演方法，融合物理信息社会系统的极端灾害事件预警技术，高比例可再生能源和高比例电力电子装备电力系统中一次系统、二次系统的脆弱性评估、灾后恢复能力评估理论和技术，极端灾害事件下负荷保障供应底线和电力系统设防标准，弹性电网的基本内涵和概念设计、多维度评价指标体系、构造理论和规划方法。重点研发以城市电网为中心，极端灾害和外力破坏事件下电力系统生存策略，保障生存的电力生命线构造基本原则和规划方法。示范应用重点城市生命线工程。

2025 年，建立包括极端自然灾害、网络攻击、物理破坏等极端灾害事件的破坏力评估模型；建立极端灾害事件下全链条推演系统和模拟系统架构；建立弹性电网的基本定义、指标和标准体系，实现对省级电网的弹性规划方法应用；在北京、上海、深圳等重点城市，示范电力生命线工程。

3. 新一代电力系统建模及仿真关键技术与安全稳定分析的基础理论

“十四五”期间，在建模及仿真方面，重点开展高比例可再生能源和电力电子装备接入电网的精细化建模与仿真技术研究，为新一代电力系统提供基础研究手段；在安全稳定分析方面，研究高比例可再生能源和高比例电力电子装备电力系统（“双高”电力系统）快速暂态特性和动态特性，掌握“双高”电力系统稳定性基础理论，研究高比例电力电子装备电力系统的脆弱性、可靠性与强化技术，研究保障“双高”电力系统的安全稳定运行的关键技术。

（1）技术现状及存在的问题。

在建模及仿真方面，建立了常规和柔性直流输电系统、新能源发电系统机电暂态模型，提升了大电网仿真能力。突破了大电网全电磁仿真的核心算法和基础模型，完成了电磁暂态建模技术实用化研发，建成了新一代特高压交直流电网仿真平台，数模仿真和数字仿真系统的仿真规模、实时仿真能力居世界首位。在安全稳定分析方面，开展了多直流馈入系统的动态电压稳定，大规模新能源通过多端柔性直流或混合型直流馈入电网的运行特性及交直流间、多回直流间耦合特性研究，深层认知了特高压交直流电网运行机理。

近年来，我国风电、光伏发电等新能源发电得到跨越式发展，直流输电系统在电力传输中的比例大幅增加。与发电机等传统旋转式电磁能量变换装备相比，直流输电、新能源发电、储能系统等大量采用电力电子技术的新型装备在物理结构、控制方式、动态响应、与其他装备的交互作用等方面都存在显著差异。在仿真及建模方面，这些设备的开关特性、集群控制的切换特性和多样化设备间的耦合特性使电力系统的动态过程变得更加快速和复杂，相应的建模仿真技术亟需发展。在安全稳定分析方面，以同步机为主导的传统稳定问题逐渐演变为对以电力电子装备控制为主导的新型稳定问题的特征与机理缺乏深刻理解，对系统的运行和演化规律尚未掌握，对解决宽频带振荡、大扰动失稳和连锁故障带来的系统安全稳定问题尚未掌握。

（2）研究内容及目标。

重点突破高比例新能源电力电子设备接入电力系统的基础理论、稳定性机理及运行控制规律。在建模及仿真方面，重点研发包括新能源、新型电力电子设备在内的电力系统多时间尺度建模技术，以及大电网高精度、智能化仿真分析技术及实用化平台；在安全分析方面，开展兼顾安全性与经济性的电力系统综合评价技术，研究基于多数据源的大电网在线量化评估与决策技术，构建"双高"电力系统安全稳定理论和技术体系。

2025年，在建模与仿真方面，突破高比例新能源电力电子装备接入情况下电力系统高精度数模和数字仿真技术；构建具备高精度仿真以及自动分析能力的电网仿真平台。在安全稳定分析方面，把握大规模新能源及电力电子设备接入后电网及多能源系统的运行规律及安全稳定特性；揭示宽频带振荡模态、大扰动失稳机理；提高电网综合评价能力；构建基于多源运行数据的在线分析与决策系统。

4. 源网荷储协同互动的电力系统运行机理和调度控制技术

"十四五"期间，重点开展源网荷储协同互动可调度潜力研究，源网荷储协同互动环境下电网特性分析，互动主体特性分析与建模，源网荷储协同互动优化调度互动控制技术，以及支撑源网荷储协同互动的有源配电网技术。

（1）技术现状及存在的问题。

通过电源、负荷与电网三者间多种形式的协同互动，可更加经济、高效和安全地提高电力系统能量平衡和功率平衡的能力，提高新能源的消纳水平。目前源网荷储协同互动运行已成为国内外的研究热点，相继开展了柔性负荷资源潜力分析、源网荷储资源聚合、协同优化调度、负荷柔性控制等技术研究，我国已在华北、江苏等地实施了局部和单一目标的示范应用。但由于当前激励机制不明确，灵活性可调资源的参与度不高，相关研究和试点还较为初步，在源网荷储协同互动的电力系统运行机理和大规模智能调控技术方面还亟待突破。

"十四五"期间，我国电力紧平衡现象较为普遍，新能源消纳形势依然严峻，电网调峰困难、特高压交直流混联电网集中落点安全问题突出。利用源网荷储多元资源协同来解决电网运行控制的问题已形成共识，亟需解决的科学和技术问题包括：一是利用智能感知和高精度预测技术，提升量大面广的源网荷储资源运行态势感知能力；二是综合考虑能量平衡、功率平衡和电网紧急控制，提升多元资源协同调配效率；三是兼顾生产控制大区、管理信息大区和互联网大区业务数据安全，完善电网信息安全防护手段；四是研究有效引导源网荷储资源协同运行的市场机制，增强市场主体参与积极性。

（2）研究内容及目标。

重点突破究源网荷储协同互动的电力系统运行机理和调度控制技术，包括运行机理分析、运行态势感知、多元资源多级协同智能调控、信息安全防护等一批核心关键技术，开展市场机制设计。重点研发源网荷储多元资源智能感知和运行监测系统、源网荷储服务云平台、大电网及配电网源网荷储多元协同调控系统和基于区块链的交易系统，提出源网荷储资源的接入和网络通信安全要求，形成标准规范和可复制、易推广的互动交易机制。示范应用大规模、多类型源网荷储多元资源参与电网互动。

2025 年，满足资源量大面广、类型众多的源网荷储协同互动电力系统运行机理取得突破，市场机制可激励占最大用电负荷 3%左右的需求侧资源参与互动；完成示范区源网荷储多元资源的接入和智能感知系统建设，实现 80%以上接入资源的精准感知；在试点省建设源网荷储服务云平台、源网荷储多元协同调控系统和交易系统，多元资源基于市场机制有序参与市场和电网调控，有效提升电力系统平衡能力和新能源消纳水平。

5. 新一代电力系统的电力市场技术

进一步剖析现有电力市场机制中制约可再生能源主导的新一代电力系统发展的体制机制因素，研究新一代电力市场体系建设和支撑技术，研究多层级协调运作的电力市场机制，优化资源配置，提升可再生能源消纳。

（1）技术现状及存在的问题。

电力市场运营领域总体处于国际先进水平。在市场机制体制方面，设计完成了全国统一电力市场模式、路径与交易机制及典型省份电力现货市场实施方案，提出了可再生能源与绿色交易机制，构建了市场成效动态监测评估与信用体系。在市场运营技术方面，开展了源网荷储互动交易系统关键技术研究；掌握了跨区跨省交易优化、现货市场运营支撑等核心技术，形成了拥有自主知识产权的电力市场运营技术支持系统；初步建立了电力市场全景实验体系，为电力市场建设、推动市场化改革落地实施提供了重要支撑。

随着电力现货市场试点和全国统一电力市场体系建设的推进，对适应可再生能源消纳、电网安全运行和电力行业可持续发展的市场体系设计及运营技术研究提出了新的需求，关于新形势下如何进一步推进全市场形态、全电量空间、全体系结构、全范围配置的全国统一电力市场建设尚未形成深入、细致的研究成果；适应新一代电力系统的灵活互动交易机制研究尚不深入；市场模拟和运营支撑技术方面，尚缺乏对电力市场运营情况的深度分析和动态监测技术；国产化大规模高性能优化计算引擎基础软件研发仍存在“卡脖子”问题，有待进一步突破。

（2）研究内容及目标。

重点突破电力批发和零售市场模式与机制，促进可再生能源消纳、多能互补和灵活互动的交易机制，电力价格体系和定价技术，电力市场平台支撑技术、高性能一体化结算、国产化大规模优化出清算法、市场态势感知、全景推演等核心关键技术，建立涵盖电能、辅助服务、容量、输电权等多交易品种，覆盖中长期、现货全时间周期的电力市场设计、运营、推演技术支撑体系。重点研发统一市场下的电力中长期市场交易、电力现货与辅助服务市场运营系统，支持多商品类型、多交易周期、多交易方式、市场运营与电网运行互动的电力市场全景实验环境，具备功能全面的全国统一电力市场模拟推演能力。示范应用省间省内市场互动、批发零售市场互动、源网荷友好互动。

2025 年，设计适应新一代电力系统的电力市场模式、交易机制、价格体系和定价机制，建立基于现代信息技术的市场运营分析模型与方法，构建交易品种全覆盖、市场主体全兼容、业务全集成、流程全贯通、风险全监控的电力市场智能决策分析和交易运营支持系统，推动供需双侧灵活互动、综合利用的电力市场交易体系建设，全面支撑电力市场的有序建设、高效运作、持续完善。

6. 智能传感与量测技术

适用于电力系统的传感材料机理，传感器集成封装和高可靠性技术；基于量子技术的电学量传溯源技术，新型计量设备和智能微型量测设备。

（1）技术现状及存在的问题。

智能传感与量测技术是指利用先进感知手段与智能量测技术助力电网安全、稳定、高效运行。目前传感与量测技术领域业务系统开发与应用总体处于国际先进水平。建立了输变电设备关键状态量感知的应用体系，取得了声、光、电、磁等感知理论创新和传感器关键技术突破，研制应用超过 130 多种传感终端，开发了局部放电、温度等在线监测系统，建成电网覆冰、山火、雷电、舞动、台风和地质灾害监（预）测预警中心。围绕电能计量建成了全球最大规模的计量设备大规模自动化检定流水线，建立了较为完善的全生命周期计量设备量测技术体系和较完善的试验检测评价体系实验平台，构建了全采集、全覆盖、全预付费的用电信息采集系统。

随着我国电网规模扩大，设备在线监测与运维工作量日渐增加，大范围电力基础设施数字化转型升级需求迫切，亟需推动小型化、低功耗、长寿命、智能化传感终端研究及应用，攻克现有电网传感设备精度不足、集成化程度低、电磁兼容性不满足需求等问题。在量测方面，需要满足新能源接入与综合能源计量与采集、电网企业内部多业务协同与客户对电网服务升级等需求，开展非传统量传溯源、动态信号测试、计量装置全生命周期管理与质量提升、客户侧精准服务与柔性互动等技术研究，利用平台优势带动周边上下游产业进步。

（2）研究内容及目标。

研究智能电网感知机理和技术体系，重点突破包括电场、磁场、声学、光学等输变电主设备特征量感知技术，感知数据统一信息模型及边缘计算应用技术，电力主设备运行状态表征方法及群智分析诊断技术，深入开展多场景智能终端及临场感知技术应用；研究电气测量方法、基础理论及量传溯源技术，重点突破能源计量和测量设备的精准计量、信息采集、安全传输、智能运维、可靠运行和质量评价等技术，开展量测数据应用与互动服务技术创新。

2025 年，建立智能电网智能感知和智能量测技术体系。掌握电力主设备声、光、电、热等多参量感知机理，建立信息与物理融合的感知交互信息模型及数字化感知体系架构，突破多参量传感数据融合的设备故障预测与缺陷分析技术；研究并构建具备量子化、扁平化、网络化特征的量值传递体系，突破大规模量测设备广域测量、远程校准、实时采集、安全接入等技术，建立智慧能源计量一体化系统，实现上亿计量、测量节点的精准计量和物联感知，解决海量能源计量终端和测量感知设备的安全经济运行与智能化运维难题。

7. 配电网与分布式能源

配电网与多能耦合技术，灵活配电技术与组网控制技术，一、二次融合技术，分布式能源并网技术，微网建模与控制技术。

（1）技术现状及存在的问题。

以配电网为核心的综合能源系统具有多能耦合、开放互联和智能互动等特点，在整体架构、规划设计等技术方面已初具雏形。随着大量分布式新能源、微电网和柔性负荷接入，配电网逐步进入具有电力电子化特征的交直流混合时代，开启了以电力电子技术为核心的智能配电装备、控制和服务研究。配电一、二次融合成套设备在功能配置、电气接口、结构型式、技术参数等方面基本实现了标准化。基本攻克了分布式电源和微电网规划、运行关键技术，微网优化配置、协调控制和能量管理技术也已比较成熟，工程还多处于示范应用阶段。

以电力为核心的多形式能源协同运行与调度技术难度大，配电网多能耦合规划技术和供电可靠性面临巨大挑战，多能源体系综合效率问题突出。灵活配电与组网控制技术在自适应并网方面仍存在短板，无法适应分布式电源大规模并网后与电网灵活交互的迫切需求。由于配电设备与传感器集成度低，缺乏有效掌控一、二次融合成套设备运行情况及其可靠性评估的手段。微电网快速向微能网转变，多能耦合集成功率变换技术缺失，存在跨时间尺度冷热气电协同控制和能效优化难题。

（2）研究内容及目标。

重点突破面向多能耦合和资产效率提升的动态主动式配电网规划，区域配电网效率评价与分析，交直流混合灵活配电网运行控制，灵活配电装备故障恢复，状态监测传感器与配电开关融合设计，一、二次融合配电设备可靠性评估及检测，考虑能量梯级利用的微能网多能流优化调控等系列关键技术。重点研发区域配电网效率监测与分析，交直流混合灵活配电网稳定运行控制，一、二次融合配电设备可靠性评估，规模集群化分布式能源接入交直流电网协调控制等一批关键装备和系统。示范应用区域配电网效率监测与分析系统、高比例分布式能源接入交直流混合电网的“源—网—荷—储”协调控制工程。

2025 年，形成配电网与冷、热、气等多种能源耦合的网络架构和组网模式，研制多端口灵活配电装备和配电馈线环网潮流路由器，建成高比例分布式能源接入交直流混合配电网的“源—网—荷—储”协调控制工程。

8. 支撑关键技术发展的政策机制与研究策略

新一代电力系统的演化、规划与控制的基础理论方面，组织国内相关科研院所和高等院校，开展电力系统演化支撑基础理论及方法的研究，并应用开展未来电网模式的研究；组织科研单位，进一步结合高比例新能源电力系统的特点，深化生产模拟计算方法、开发实用化工具，支撑国家“十四五”电力发展规划；争取国家层面政策支持，产学研用单位组合团队，开展高比例新能源、高比例电力电子系统的控制策略研究并进行成果转化，在电网中实践，达到西北、东北输送新能源特高压直流输送功率提升 50%以上的目标要求。

弹性电网及生命线工程关键技术方面，组织有一定研究基础的科研院所及高等院校，研究适用于中国特色电力系统的可复制、可发展的弹性电力系统定义及技术路径；成立弹性电网标准组织，开展弹性电网及生命线工程技术标准、规范的编制并与 IEEE、IEC 等相关标准接轨；组织国内经济发达地区的相关省、市电力公司，应用相关研究成果，进行城市电网生命线工程规划设计，并纳入"十四五"电力发展规划中，争取国家相关项目和资金的支持，在"十四五"期间开展示范。

源网荷储协同互动的电力系统运行机理和调度控制技术方面，一是推进政策机制落地，负荷、储能参与电网调控需要相应的鼓励政策，并配套以开放的电力市场，特别是完善的辅助服务市场；二是培育市场主体，负荷量大面广，调控中心不可能调控具体负荷，因此需要培育负荷聚合商为代表的市场主体，并在社会福利最大化的前提下，使市场主体有利可图；三是协同研究，源网荷储协同互动不仅仅是电网运行问题，还牵涉政策机制、消费心理、社会稳定、商业模式等多方面的问题，因此需要电网企业、高等院校和相关智库协同研究；四是以点带面，示范先行，在现有政策下进一步以储能、电锅炉和冰蓄冷等容量较大的负荷作为试点，成熟后再扩大范围和负荷类型。

智能传感与量测技术方面，组织国内相关研究院所、高等院校开展联合攻关，构建先进传感器自主研发与工艺体系，推动产品工程应用。建议争取国家层面政策支持开展传感器感知机理、敏感元件、器件设计、制造工艺等基础研究；电网企业可联合研发基础好、质量高的团队，给予重点技术孵化，加快关键智能传感器件的国产化进程。

配电网与分布式能源方面，通过产、学、研、用密切结合的方式，充分发挥电力生产单位与科研机构、高等院校、系统内外部产业单位之间的协同攻关效应，建立起高效联动的技术创新联盟，共同打造先进配电与分布式能源软件系统开发和硬件设备研制的合作平台，实现资源集成、平等协作、优势互补、联合推进的机制，加快科技成果转化、试点示范与推广应用。

二、重大技术方向二：能源互联网技术

能源互联网是能源和互联网深度融合的产物，能源互联网是以电为中心，将先进信息通信技术、控制技术与先进能源技术深度融合应用，支撑能源电力清洁低碳转型、能源综合利用效率优化和多元主体灵活便捷接入，具有清洁低碳、安全可靠、泛在互联、高效互动、智能开放等特征的智慧能源系统。

能源互联网的发展将通过多能互补融合和梯级利用，显著提高能源综合利用效率，促进高渗透率可再生能源的发展，实现能源绿色转型，提高能源行业资产的利用率和能源供给的灵活性，提高能源生产、传输、消费、管理、交易、金融的便捷

性。在第三次工业革命的时代背景和国家能源革命、"互联网+"、创新驱动战略行动下，能源互联网具有巨大的发展潜力，将带动大批相关产业的发展。能源互联网将改变能源的生产、传输、消费方式和人们的生活工作方式，成为推动我国能源转型、提高能源利用率、实现节能减排和可持续发展的重要途径，势必对其他行业和整个社会产生深远影响。

1. 多能高效转换与多元用户供需互动技术

能源互联网形态下的区域用能负荷聚合效应、解析与整合技术。

（1）技术现状及存在的问题。

在互联网技术的推动下，挖掘和集成负荷调控潜力，开展规模化"源—荷"互动，成为提升系统灵活性、促进清洁高效用能的重要内容。随着经济水平的提升，当前第三产业和城乡居民用电已成为我国新的电力负荷增长点。在北京、上海等城市，空调负荷已占到夏季负荷高峰的30%以上；电动汽车、电采暖等新型用电设施也处于迅速发展阶段，如当前北京、天津、冀北地区电动汽车约40万辆，空调保有量约8000万台，电采暖用户达163万户。上述用能负荷具有功率大、刚性强且时间集中的特点，将对系统日峰谷差、季节峰谷差、设施利用率等带来显著影响。上述负荷将电力转换为其他能量形式，以满足终端用能需求。以电力为核心，多种能源形式间的高效转换形成的P2X（power to X）能量转换枢纽，是未来电网与化工、交通、热力网络耦合的重要枢纽。

如果能够发挥负荷的弹性用能潜力，将为电网带来可观的调峰能力，对电力系统的安全经济运行和可再生能源发电的利用具有重要意义。目前，我国已开展了多项需求响应示范项目，将负荷资源纳入电网优化调度和实时闭环控制，将用户侧资源聚合作为独立主体参与调峰辅助服务等，编制了电动汽车、空调、电采暖等设备与电网互动的标准。总体而言，我国对用户负荷调控潜力的利用已具备一定的技术基础和实践经验，但当前面临规模化、多元化的负荷发展，需要在信息、控制和管理技术方面取得突破才能经济有效地发挥各用户负荷的调控潜力。同时，从能源互联网系统的集成观点看，建设多能高效转换P2X枢纽亟待克服的问题是转换工艺要求的平稳性、高效性与安全性，亟待核心器件、关键装备、新型工艺流程与系统集成优化的整体突破，为后续工程示范应用建立坚实的理论基础。

（2）研究内容及目标。

重点突破多元多类型负荷资源聚合特性预测和可调潜力评估技术、计及负荷调控潜力的配电网规划和优化运行技术。重点研发合成氨、甲醇、甲烷等化工流程的能量梯级利用技术，百千瓦级可加压式高温电解系统核心器件、工艺流程与系统控制技术，沼气等低质燃料的电化学提纯升级工艺控制技术。重点突破规模化负荷低成本高时效通信技术、规模化负荷、P2X 与源端新能源发电协调运行控制技术。重点研发高时效性、低成本、高数据业务量的智能负荷通信和控制终端、规模化负荷与电网的信息互动和能量管理系统。

2025 年，实现千兆瓦级的负荷聚合管理项目，用户数量达百万级，研制出适应于规模化负荷管理和用户互动的智能用户侧负荷资源控制、管理和交易系统；示范应用大规模多元用能负荷参与配电网运行控制、电网调峰及电力市场交易；示范 P2X 能源梯级利用，及其与源端新能源发电、配电网协调运行控制技术。

2. 综合能源系统规划、运行及控制技术

以电为枢纽的综合能源系统规划与运行技术（电、热、气、氢等综合能源系统），能源互联网规划、运营和仿真技术，配用电能源互联网技术，信息物理能源系统，电动汽车，交通网。

（1）技术现状及存在的问题。

以电为枢纽、电—热（冷）—气—水—氢等多种能源形式互联互补的综合能源系统发展迅速，已经成为提高能源综合利用效率的重要支撑技术。目前已经初步提出了包含多种能源形式的综合能源系统稳态与动态标准化建模理论，构建了区域综合能源系统与综合能源网络的稳态与动态仿真分析方法，发展了综合能源系统运行控制理论与方法，探索了电气化交通场景下的电力网络—交通网络协同规划与运行方法，初步研发了面向区域综合能源系统的规划优化与评估软件、智能能量管理系统（IEMS）。在国家立项支持下，建设完成了一批综合能源系统示范工程。

综合能源系统涉及多种物理过程（包括电磁、流体、热力和信息等）交织的多尺度复杂动态，现有面向不同能源系统的理论架构局限于原有单一学科的理论基础，因此尚未发展出突破学科壁垒、充分学科交叉的基础理论体系。现有的综合能源系统建模、规划、运行与控制等方法仍存在较大的局限性，尚无法充分揭示和利用异质多能流耦合的多尺度物理特性，也无法在多管理主体和利益主体共存的模式下支撑综合能源系统的安全与经济运行。现有研究更多的是重视综合能源系统的经济效益，但往往忽略了多能流系统耦合的安全挑战，存在潜在的运行风险。从现阶段的综合能源系统示范工程效果来看，重视能源系统的物理互联但忽视运行控制层面的协调优化，能效指标和工程经济性指标与国际先进水平尚存在差距，存在"综合有余，智慧不足"的问题。

（2）研究内容及目标。

重点突破综合能源系统多时间尺度统一建模及安全性、稳定性分析理论。重点研发综合能源系统多时间尺度动态仿真分析与硬件在环仿真平台，开发高通用性综合能源系统规划优化、评估与设计平台。重点突破综合能源系统能量管理与运行控制理论难题与关键技术，研发多能流综合能量管理系统，支撑综合能源系统安全、优质与经济运行。重点突破能源信息物理系统关键技术，提升综合能源系统运行的安全性、稳定性、可靠性与抵御自然灾害和恶意攻击的韧性，提出适用于综合能源系统长效发展的市场交易与商业模式。突破交通与能源融合的建模与分析理论，支撑高比例电气化交通场景下的能源系统优化运行。

2025 年，形成基于统一理论体系的综合能源系统建模与分析框架，突破以电为枢纽的综合能源系统安全稳定关键理论难题，构建功能全面的综合能源系统仿真分析平台，形成综合能源系统规划生态体系，实现综合能量管理系统规模化应用，充分发挥电—热（冷）—气—水—氢—交通多能源链的协同效应，提升我国综合能源利用效率达到国际领先水平。

3. 电力物联网技术

（1）技术现状及存在的问题。

物联网技术能够为能源互联网的建设、运行与管理提供重要的技术支持；电力物联网也必将成为物联网最有基础、要求最明确、需求最迫切的一类应用。电力物联网的建设涉及实现电力传输的电网与信息传输的通信网络的基础设施建设，同时要使用数以亿计各种类型的传感器，完成从电能生产到最终用户用电设备的环境、设备运行状态与安全的海量数据的实时感知、采集、传输、存储、处理与控制。

我国从战略层面确定了物联网技术作为国家战略新兴产业的地位，很早就开始了物联网技术在电力系统中的应用；通过积极推进电力物联网技术，建立统一的电力物联网框架和技术标准。由于国家政府层面的支持，我国高科技企业和科研机构推出了大量的物联网设备，这些设备逐渐应用到电力系统的生产、输送、控制等电力系统的各个环节，帮助整个电力系统逐渐实现智能化。物联网的建设将拉动两个产业链，横向拉动智能电网的发电、输电、变电、配电到用电的产业链，纵向拉动物联网芯片、传感器、嵌入式测控设备、中间件、网络服务与网络运行的产业链。

随着能源互联网和“云物大智移链”等新技术的应用，电力系统网络安全边界逐渐模糊，电力物联网面临的信息安全形势日益严峻，这一点从近年来发生的对电网信息系统攻击的情况能明显地看出来。“十四五”期间，在发展电力物联网技术的同时，必须高度重视电力物联网信息安全技术的研究。

（2）研究内容及目标。

重点突破“终端—网络—平台”全域全方位电力物联网体系研究、电力物联网通信组网与运行技术、智能传感技术、全域电力物联网终端层架构与智能网关技术、全域电力物联网平台架构与数据融合技术、全域电力物联网安全防护体系构建与监测防护技术，重点研发新一代、微型化、智能化传感器，具备自我状态感知能力的配网智能化设备，具有边缘计算、通信存储、数据自治等能力的智能网关，高宽带、低功耗、广覆盖的海量物联数据接入网络和安全高效的传输网络，示范应用统一数据规约下的一体化电力物联网平台。

到 2025 年，研制适用于电网的微型电流传感器和微源取能模块，并完成示范应用；构建适用于电力物联网的传感器网络体系架构，形成适用于电力物联网的基础数据结构模型；形成通用的硬件平台，支持网络虚拟化、软件定义、跨层质量监测、通道自动切换等功能，支持以虚拟容器封装的形式进行开发、部署、迁移及管理；建立适合电网实际需求的电力数据中台技术体系架构，提出数据中台内部的计算、存储、数据、算法等调用接口规范，构建电力数据中台，具备安全防护架构，支撑电网物理、信息、市场状态透明的业务场景及功能技术需求；建立全域物联网终端层架构，形成具有边缘计算、通信存储、数据自治等能力的全域物联网智能网关；建立高宽带、低功耗、广覆盖的海量物联数据接入网络和安全高效的传输网络，形成统一的全网全域物联网平台和全维度安全防护体系；形成基于物联网的继电保护系统运维管控能力，研发基于物联网和人工智能技术的继电保护现场作业管控工具，支撑基于物联网思维的智能变电站继电保护装置运维效率及网络安全；示范应用基于微型智能传感器的透明电网系统。

4. 电力人工智能和先进计算技术

（1）技术现状及存在的问题。

人工智能（artificial intelligence，AI）是指利用计算机来模拟人类的某些思维过程和智能行为，如学习、推理、思考、规划等，实现计算机的高层次应用。人工智能在电力中的应用由来已久，在 20 世纪 80 年代就有专家学者把早期的人工智能理论应用到电力系统中，但是由于算法和计算能力的不足，大多数还停留在研究层面，并没有落到生产和应用当中。

近年来，随着新一代人工智能的研究热潮，各类人工智能技术，如数据挖掘、机器学习、智能算法、专家系统等在数据解析度、学习力和计算力方面有很大突破，目前开展的相关研究主要集中于电力供应与需求、电力系统安全与控制、运维与故障诊断以及配电网领域。2016 年，谷歌 DeepMind 就有着成功的电力节能应用案例，其利用机器学习算法将谷歌数据中心的用电量减少了 15%；2017 年，DeepMind 与英国国家电网公司初步利用人工智能技术帮助平衡英国的电力供需矛盾，可以更准确地预测电力需求，有助于解决电力系统的供需矛盾；国家电网公司目前已经在电网控制、配电用网等多方面有人工智能技术应用；中国南方电网有限责任公司在 2017 年与百度在深度学习等领域达成合作，深圳供电局和华为合作实现了昇腾 AI 计算平台在全球电力行业的首次应用，巡检效率从 20 天提高到 2 小时，提升了 80 倍。

国内人工智能起步晚，未能较早参与相应的人工智能技术专利及标准制定，人工智能整体能力和水平仍未达到通用智能化程度，人工智能基础研究的总体水平与国际先进水平仍然存在差距。电力细分领域的人工智能样本和知识图谱库尚待完善，难以为电力人工智能应用研究和训练提供全面、高质量的样本数据；在某些涉及电网重大安全决策问题，如调度决策等应用场景，人工智能暂时只能起辅助作用而不能直接参与决策控制。如何更好发挥人工智能的作用，进一步加大人工智能与电网应用的融合广度和深度，这是“十四五”期间需要解决的问题。

（2）研究内容及目标。

重点突破计算机视觉、语音识别、自然语言处理、语音合成与声纹识别四个领域在电力方向的应用技术，以及电力边缘计算和云计算的协同运行技术、电力边缘计算和云计算多模式客户端技术、数字电网共享服务技术、云边融合的网络安全防护技术、智能电力辨识技术、智能电力建模技术、智能电力仿真试验技术、智能电力运维诊断技术、应对网络攻击等极端情况的电网智能主动防御技术，重点研发核心技术国产自主化的实时仿真平台，基于人工智能的电网黑启动智能重构实时分析和决策平台，应对网络攻击等极端情况的电网主动防御仿真演练平台，基于云容器与编排技术的电网云服务平台，基于人工智能和先进计算技术的监控预警平台，基于自然语言理解技术的数据搜索分析与可视化平台，示范应用电网数字化超算中心。

到 2025 年，建立电力行业人工智能样本库，为人工智能研究和训练提供全面、高质量的样本数据；部署智能客服与智能助理机器人，实现评标自然语言处理、调度域自然语言处理等功能；部署电网全过程的无人巡检与异常监测系统；建成设备故障图谱、调度知识图谱等电力知识图谱库，形成统一的全局的知识库；建成智能电力辨识、建模、试验、诊断、运维仿真系统；建成应对极端情况的电力安全风险防控仿真系统；打造智能调度助手，部署电网调度智能防误及指挥的关键技术；形成自适应的边际电价预测、中长期来水预测、负荷预测以及新能源发电预测机制。

5. 电力区块链技术

（1）技术现状及存在的问题。

目前，区块链在能源电力领域的应用包括电力领域区块链的技术特征分析、应用场景构想与举例、业务模式建议与展望、多主体互动描述、多主体交易方案设计、P2P 交易策略优化等，在区块链结算、支付、微电网、能源交易等方面也有应用。国家电网公司对区块链技术和其在能源行业的应用开展研究，全面推动区块链在能源电力领域的应用落地，在新能源云、电力交易、综合能源等十大场景形成区块链技术解决方案，将区块链定位于实现万物互联的超级纽带、市场公平交易的安全防线、数字经济的信用保障，全面赋能电网企业创新发展；中国南方电网有限责任公司在可再生能源领域积极布局区块链，积极推进分布式能源的点对点交易技术，利用区块链技术开展可再生能源绿色证书交易平台建设，创新绿证的分布式交易模式，并在珠海进行了示范应用，也是国内较早探索“区块链+能源”的试点项目之一。

区块链技术在电力行业的应用仍处于早期，在具体应用层面，实施系统的规模较小，验证过程较短，既未能充分体现区块链在去中心化存证、智能合约自动执行等方面的突出优势，亦未能充分暴露区块链在大规模系统设计时如何平衡效率与安全的难题，这是“十四五”期间需要重点解决的问题。

（2）研究内容及目标。

重点突破区块链底层架构国产化技术，适配于能源行业的高效区块链共识技术，区块链能源交易、电力供应链、能源计量等电力应用技术，电力区块链隐私安全与网络关键配置信息保护技术。重点研发适配多种区块链技术的电力接口组件，基于区块链技术的点对点能源交易撮合引擎，电力供应链管理平台，基于区块链技术的电力网络信息保护系统，示范应用基于区块链技术的多能源系统市场交易平台。

到 2025 年，制定能源区块链通用标准、共性技术标准、安全标准等技术标准，构建能源区块链技术标准体系；在云平台的 PaaS 层建设部署安全可控的区块链服务组件，实现“云链融合”；建成能源区块链云服务仿真测试平台，提供权限管理服务，为能源行业区块链应用开发提供接口；建立应对关键信息系统基础设施的区块链存储与溯源方案，实现对数据共享过程中关键系统、基础设施的关键数据进行基于区块链的存证、传输，及时发现和修复虚假数据和非法篡改恶意数据；掌握公有链、私有链、联盟链主流共识机制，建立共识机制的模型，实现授权共识机制和非授权共识机制，支撑适用于能源交易、设备监管、作业管理等业务的共识机制；针对能源经济业务实时性、数据多样性等特征，建成适用于能源行业的共识机制；掌握智能合约的快速生成及有效运行技术，实现优化业务流程、降低运营成本、提升协同效率的目标，示范应用基于区块链技术的点对点能源交易营销系统。

6. 电力系统数字孪生技术

（1）技术现状及存在的问题。

数字孪生（digital twin，DT）是一个集成多学科、多物理量、多尺度、多概率的仿真过程，兼容了当前热门的智能传感器、5G 通信、云平台、大数据分析和人工智能等技术，旨在通过充分挖掘、发挥海量数据资源所带来的福利，在数字空间设计虚体模型并建立数字虚体与物理实体的映射关系进而镜像（mirror）实体。通过物理设备的数据，可以在虚拟（信息）空间构建一个可以表征该物理设备的虚拟实体和子系统，并且这种联系不是单向和静态的，而是在整个产品的生命周期中都联系在一起。

2012 年，NASA 发布“建模、仿真、信息技术和处理”路线图，提出了数字孪生概念；2013 年，美空军发布《全球地平线》顶层科技规划文件，将数字线索和数字孪生并列视为“改变游戏规则”的颠覆性机遇，并从 2014 财年起组织洛马、波音、诺格、通用电气、普惠等公司开展了一系列应用研究项目；美国通用电气公司借助数字孪生这一概念，提出物理机械和分析技术融合的实现途径，目前已将成果应用于机器人制造；德国西门子公司将数字孪生技术用于机械设备设计和工厂规划排产；法国达索公司利用数字孪生技术帮助包括宝马、特斯拉在内的汽车公司进行产品外形仿真，利用仿真数据设计产品，使产品减少空气阻力。在我国，数字孪生技术的应用正处于起步阶段，并已在能源基础设施建设中得到应用；我国一些能源企业在基础设施建设中设计了完全沉浸式的数字孪生模型，从而实现工程设计可视化，发现系统潜在的障碍和问题，提升工作效率。

随着人工智能、大数据、5G 等技术的发展，一方面，电力系统数字孪生可进一步延伸至能源互联网领域，这一延伸将进一步强化对孪生智能体的探讨，包括其微观特征、功能及信息交互；另一方面，物理模型与数据模型的结合或双重驱动也是一个重要研究方向，它们的结合、互补与相互印证也亟需展开进一步研究，需要在数据与模型双驱动视角下探寻和重现电力系统的稳态过程、暂态过程及叠加定律等，进一步设计研究相应的电力系统、设备的分析、检测与评估等模块，以支撑各类运管调控高级服务。

（2）研究内容及目标。

重点突破电力系统、综合能源系统、电力设备、电力厂站的孪生体建模技术、数据虚实交互技术、设备运维技术、研究信息—物理系统实时仿真的数字孪生系统构建技术，并研究应对极端情况的电力安全风险防控技术，重点研发电力设备数字孪生体装置，搭载数字孪生体的平台，示范应用智能配电网数字孪生仿真与动模仿真混合全景分析系统。

到 2025 年，实现支撑虚拟现实下电网的智能规划及优化设计、精准电网故障模拟云测仿真、虚拟电厂、智能设备监控、电力机房调控、变电站设备监控等业务的数字孪生技术；运用数字孪生技术，构建机房生产运行虚拟环境，实现人工智能、物联网和三维可视化等技术应用到机房的环境监测和调控中；运用数字孪生技术，建成电网智慧运维平台，充分挖掘现有系统数据，辅助运检、调度策略的制定，实现运检策略的优化，最终构建“原始数据—设备画像—分析挖掘—策略制定—资源优化”的数据资产应用体系，完善生产指挥决策体系，支撑管控平台，推动设备状态全景化、数据分析智能化、生产指挥集约化、运检管理精益化全面实现；在基于实时仿真的镜像系统基础上，建成信息—物理系统实时仿真的数字孪生系统，并支撑应对极端情况的电力安全风险防控；基于数字孪生的电网智慧运维平台具备灵活系统接口，实现对 SCADA、DCS、PMS、OMS 等系统信息的接入，形成带有业务信息的结构化时序数据，完成对接入数据的清洗、融合；构建智能配电网数字孪生与动模仿真全景分析系统，通过高性能计算和通信技术，实现在数字仿真系统中实时描述物理配电网的系统状态、设备状态，并能够模拟多源能源互动、多类型设备协同控制、多系统数据交互，形成数字孪生、动模仿真、硬件在环实时仿真与非实时潮流仿真分析融合的全景分析系统。

7. 电力大数据科学与工程技术

（1）技术现状及存在的问题。

电力大数据是大数据技术在电力行业的实践应用，涉及发电、输电、变电、配电、售电、用电、调度等多个环节。近年来，随着国家逐步加大智能发电的建设力度和对物联网技术的应用，电力大数据的量级飞速增长。电力大数据具备大数据技术的“5V”特征，即数据量大、数据类型多、处理速度快、精确性高和价值大五个特征。

近年来，IBM 和 C3 – Energy 开发了针对智能电网的大数据分析系统，Oracle 提出了智能电网大数据公共数据模型；美国电科院等研究机构启动了智能电网大数据研究项目；美国的太平洋燃气电力公司、加拿大的BC Hydro等电力公司基于用户用电数据开展了大数据技术应用研究。在国内，中国电机工程学会发布了电力大数据白皮书；国网江苏省电力有限公司于2013年初率先开始建设营销大数据智能分析系统，开展了基于大数据的客户服务新模式应用开发研究；国网北京市电力公司正在积极推进营配数据一体化基础上的智能电网大数据应用研究；中国南方电网有限责任公司针对输电、配电、用电和智能调度领域分别开展了电力大数据应用研究。

电力大数据研究和应用已取得了一些成效，但总的来看，研究成果仍比较粗糙、不成体系，研究和应用尚处于深化探索阶段，需要各方在充分认识电力大数据技术可带来的显著效益基础上，达成共识，产学研相结合，共同推动智能电网大数据的研究和技术发展。“十四五”期间，需要在电力海量业务数据挖掘、数据可视化、高性能计算和统计分析上开展进一步研究。

（2）研究内容及目标。

重点突破电力大数据建模、数据挖掘、数据监测分析、数据运维技术，大数据在电网运营领域、客户服务领域、新兴业务领域的应用技术，重点研发基于大数据的电力设备智能运维平台、面向电力市场的用电大数据增值服务平台、基于大数据的电力智能调度辅助决策平台、示范应用区域综合能源开放式大数据中心系统。

到2025年，建成适应电网云边端业务特征的非结构化数据平台，解决面对非结构化数据的数据存储分散、检索困难、数据价值挖掘低效等问题；建成数据服务自助分析平台，为海量数据打造企业级大数据一体化解决方案，支撑企业客户快速构建大数据平台，满足企业的海量数据管理、分析和挖掘的需求，使数据分析师和数据科学家为数字电网、数字运营等各领域运营团队等提供数据服务；建成网级电能量数据平台，实现负荷特征分析、区域经济运行分析等，为用户端、企业端、电网端提供全方位的数据共享和数据服务，构建电能量数据服务生态圈。

8. 信息通信新技术应用

（1）技术现状及存在的问题。

电力通信新技术方面，2019年，全球首届6G峰会起草世界上第一份6G白皮书认为6G将会突破地面网络限制，实现地面、卫星、机载网络和海洋网络的无缝覆盖，揭开了空天地一体化通信网络研究序幕。国内外该领域研究尚处于起步阶段，目前尚无统一明确的技术发展路线。当前我国电力行业已初步开展空天地一体化通信网络技术研究及应用探索，在国内处于领先水平。电力信息新技术方面，以云计算、物联网、人工智能、大数据、区块链等技术为代表的电力信息新技术已构建相对完备的能源互联网信息支撑体系，信息通信新技术在电力行业的应用处于起步阶段，其中国家电网公司的“国网云”、电力物联网已成为国家电网公司能源互联网的承载主体，支撑了企业运营、电网运行、客户服务和新兴业务应用建设。

目前，空天地一体化网络尚无面向电力行业应用的统一网络架构，地面无线通信与卫星通信技术异构网络融合应用及卫星通导遥在电力行业应用方案尚未明确。亟待基于能源互联网各类业务通信需求开展相关技术适配及应用方案研究，建立一体化网络体系指导网络建设及应用。电力信息新技术部分核心关键技术对国外依赖度较高，尤其是操作系统、数据库、中间件等基础软件领域“卡脖子”现象较为明显，技术亟待突破，需要加速推进国产化自主可控研究；另外，伴随着能源革命和数字革命的深度融合，“大云物移智链”等信息新技术在电力系统的研究与业务生态方面与国内外顶级互联网企业仍存在较大差距，亟需加强先进信息技术与业务的深度融合研究。

（2）研究内容及目标。

重点突破空天地一体化通信、新型智能数字支撑与服务平台、电力大数据应用、电力物联网、能源工业云网、电力人工智能技术、能源区块链、高效能云数据中心、数字基础平台仿真与测试等一批核心关键技术。重点研发新型智能融合终端、新型智能数字支撑与服务平台、电力自主可信安全操作系统及数据、5G+北斗通信与定位融合模组、能源区块链平台等关键装备与系统。示范应用电力 5G 技术、电力北斗技术、能源大数据平台与大数据应用、智慧能源系统、能源区块链平台及应用。

2025 年，实现面向能源互联网应用的空天地一体化通信网络体系，5G、北斗等通信新技术在电力业务应用成熟应用。电力核心软硬件平台自主化水平达到 80%。建立新型智能数字支撑与服务平台，实现能源互联网全业务共享融通和跨领域能源大数据开放共享。

9. 能源互联网商业模式与市场机制

能源互联网商业模式与市场机制是指参与能源互联网的市场主体实现盈利的商业逻辑和其间的交互关系，以及引导各主体在能源互联网中通过市场竞争配置资源的方式，包括虚拟电厂、需求响应、P2P 交易及其他基于互联网的能源共享经济模式和市场机制。

（1）技术现状及存在的问题。

随着能源互联网的发展和一批示范项目的建设探索，售电公司、负荷集成商等新型市场主体不断涌现，虚拟电厂、需求响应、分布式交易等商业模式从理论走向实践，主动参与、充分竞争、多边对等的能源生态逐渐形成。目前，国内已经初步形成了包括综合能源运营管理、平台和共享型业务、数据信息增值、用户侧互动和服务等类型在内的，形式多样的商业模式。同时，以电力市场为核心的综合能源市场也在不断发展完善，我国电力、油、气等多个能源领域都在开展深入的体制改革，逐步形成市场化配置资源的新型机制，以便进一步促进商业模式的创新和发展。

能源互联网的商业模式既需要市场中各商业主体的自发创造，也需要在市场环境中不断实践与历练，以及技术的革新和相关政策的引导。目前一些商业模式的发展前景还不明朗，核心技术不够成熟，试点验证不够充分，政策和资金支持不够明确，需要明晰各类商业模式的核心价值、关键技术、发展路径和发展需求，以推动其发展。同时，由于不同形式的能源，其现有的市场机制并不统一，目前尚无统一的综合能源市场。需要基于不同能源之间替代的供给与需求弹性，依托“互联网+”带来的信息对称和精准匹配，设计适用于综合能源系统融合的市场机制和交易体系，以期在更大范围内实现综合能源的资源优化配置。

（2）研究内容及目标。

重点研究现有各类商业模式的关键技术、产业现状、发展路径、潜在价值和所需政策等，选定应重点攻关突破的商业模式方向，并提出相应的政策建议。研究综合能源市场的耦合模式，如何激励生产侧电、热（冷）、气融合与转换、消费侧多能源梯级利用与相互转换。研究多能源耦合参与带来的新交易体系与交易品种，提供适用的组织方式、申报机制、出清机制和结算机制等。研究有效竞争的市场结构，实现市场竞争的有效性和社会福利分配的公平性等。

2025 年，明确商业模式所需的关键技术攻关方向和政策引导方向。加强对成功商业模式的支持，加大对有潜力的商业模式的资金投入力度，鼓励市场主体参与能源市场，为模式创新提供良好环境。构建适用于综合能源系统融合的市场机制和交易体系，研发支持能源互联网中多能源交易的技术和平台。

10. 支撑关键技术发展的政策机制与研究策略

贯彻落实中央“新基建”战略部署，遵循国家“新基建”建设内容，围绕大数据中心、工业互联网、5G、人工智能等领域提出重点建设任务，全面加强应用基础研究，突出关键共性技术、前沿引领技术、“卡脖子”技术、现代工程技术、颠覆性技术创新，实现核心技术的自主可控，把创新主动权、发展主动权牢牢掌握在自己手中。

聚焦 5G 端到端网络切片、高精度定位与同步、移动边缘计算（MEC）、LPWAN

等无线接入、网络与业务融合验证关键技术，突破空天地一体化异构组网技术、电力“卫星+5G”融合技术，研制通信及同步定位模组、网络规划仿真平台，构建5G协同创新平台，打造空天地一体化、大容量广覆盖的通信网络，实现能源互联网业务的全面覆盖、实时连接与智能化承载管控。

突破电力信息物理系统建模与仿真技术、系统安全防护技术和运行优化技术及电力信息物理系统数字孪生技术，解决多重耦合系统可靠性安全性分析，提升系统运行效率。构建电力信息物理系统数字孪生云平台，打造电力场景中智能体的仿真训练环境，实现仿真系统孪生化、孪生系统智能化，形成涵盖能源互联网全环节的数字孪生应用生态。

三、重大技术方向三：高效清洁低碳火力发电技术

为了实现低碳并兼顾安全、高效、灵活、智能的发展目标，“十四五”期间，高效清洁燃煤发电技术需重点关注燃煤电厂烟气多污染物高效一体化协同治理和智慧灵活火力发电技术，发展新一代高参数超超临界发电和煤基联合循环发电及多联产技术，力争火力发电厂碳捕集与利用技术取得突破，煤炭与生物质、污泥及垃圾耦合高效发电技术获得推广应用。

1. 燃煤电厂烟气多污染物高效一体化协同治理技术

（1）技术现状及存在的问题。

我国燃煤电厂烟气污染物治理水平整体已处于世界前列，但普遍存在分系统治理、协同性差、整体可靠性低、能耗水平高等问题。现有烟气污染物治理技术需要消耗大量的石灰石和尿素（或氨），产生大量固体废弃物和脱硫废水等二次污染排放，SO_2 和 NO_x 没有实现资源化利用，重金属的控制标准与国际先进水平有较大差距，尚无法有效脱除烟气中 SO_3 及挥发性有机物 VOCs 等痕量有害污染物，燃煤电厂的污染物排放距离天然气发电的实际排放水平还有差距。目前，需要在提高现有烟气污染物治理技术水平的同时，进一步研发新一代污染物一体化脱除近零排放技术。

（2）研究内容及目标。

重点突破燃煤烟气烟尘、SO_2、NO_x 等多污染物一体化脱除、污染物近零排放、SO_3、重金属、VOCs 等痕量有害污染物高效脱除、污染物高附加值回收利用、烟气余热和水回收等关键技术。重点研发无石灰石、氨、尿素消耗，不产生二次污染物排放，满足近零排放要求的高效污染物一体化脱除工艺和关键设备，以及烟气硫资源、水资源和余热回收工艺和关键设备。示范应用高氮氧化物、高灰、高硫烟气多

污染物宽负荷一体化协同治理工程；变革型烟气多污染物一体化脱除近零排放和烟气（硫、水、热）资源回收利用全套技术工艺。

2025年，掌握新型烟气污染物一体化脱除和烟气（硫、水、热）资源回收关键技术，推动实现新型污染物一体化脱除技术在火电领域及其他相关领域的市场化推广应用。示范应用高氮氧化物、高灰、高硫烟气多污染物宽负荷一体化协同治理工程，在污染物排放达到目标值的前提下，能耗水平较目前降低5个百分点。

2. 火力发电厂碳捕集与利用技术

（1）技术现状及存在的问题。

煤炭集中燃烧发电是煤炭利用的主要方式之一，也是温室气体的重要来源。发展和储备碳捕集与利用技术是在现实情况下有效控制温室气体排放的重要技术选择。碳捕集技术分为燃烧后捕集、燃烧前捕集和富氧燃烧三大技术路线，二氧化碳利用技术以强化油气资源开发为主。目前，加拿大和美国处于碳捕集与利用技术大规模示范应用的领导地位，燃烧后碳捕集示范装置规模达到百万吨级，燃烧前捕集和富氧燃烧技术示范达到万吨级。近年来，我国在碳捕集与利用各技术环节均取得了显著进展，形成了一批低能耗碳捕集技术，并具备了设计规模化捕集系统的能力，开展了多种类型的二氧化碳利用技术验证示范，完成了系统的二氧化碳利用技术评估。最大的燃烧后碳捕集装置规模为12万t/年，再生热耗2.8GJ/t二氧化碳。最大的燃烧前碳捕集装置规模达到9.6万t/年，单位能耗2.2GJ/t二氧化碳。煤粉富氧燃烧技术已完成实验室研究，建成并投运了35MWth试验平台，实现了高浓度碳捕集。中石油、中石化、延长石油在不同油田验证了二氧化碳对提高采收率的工程应用价值。

总体而言，我国火力发电厂碳捕集与利用技术仍处于研发和示范阶段，尚无百万吨级碳捕集示范工程，大规模系统集成改造缺乏工程经验。与国际先进水平相比，我国在核心技术、关键装备研制、系统集成与全流程工程规模等方面仍有差距，需通过持续的研发和集成示范提高技术的成熟度。

（2）研究内容及目标。

重点突破新一代碳捕集与利用技术，针对碳捕集与利用能耗高、成本高的问题，面向大规模全流程系统需求，形成国际领先、高效实用的新工艺和关键技术，实现装备国产化。重点研发高效低能耗吸收与分离材料、大规模低成本空分制氧等关键技术，开发高效率、高通量大型分离设备，对吸收、吸附、分离、压缩等工艺过程进行优化，降低再生热耗，实现关键技术的创新，提高整体碳捕集系统经济性。示范应用大规模全流程火电厂碳捕集与利用系统，加强系统的深度整合和优化、各环节关键技术应用和大型装备的设计制造，组成系统效能更高、成本更低、减排容量更大的重大技术体系。

2025 年，实现碳捕集与利用技术关键指标突破，技术水平达到国际领先水平，示范新一代碳捕集与利用全流程系统，建成多个全流程工业示范项目并具备工程化能力。

3. 智慧火力发电技术

（1）技术现状及存在的问题。

“十三五”期间，智慧电厂相关技术得到了广泛的关注，大数据、人工智能、云计算、机器人、移动应用等新技术在发电工业领域得到迅猛发展，多个发电集团在该领域启动了相关研究和应用探索试点。目前，我国在火电机组控制系统软、硬件与架构的国产化和智能化开发、支撑智能生产的测量新技术开发与应用、多源数据融合与综合展示、智能优化运行控制与指导、三维可视化与主动安全、机器人应用等方面都开展了大量的探索。但大数据与人工智能在火电机组复杂过程控制中的闭环应用等关键技术有待突破，各技术方向仍然难以形成系统的合力，真正面对电力生产与管理的直接需求，距离极少人值守的智慧电厂目标还有较大的距离。

（2）研究内容及目标。

重点突破安全、灵活、可扩展的智慧电厂控制系统架构实现与升级、大数据与人工智能在过程控制中的闭环应用、包含全程燃料与给水自动的 APS、火电运行智能驾驶舱、主动安全、远程故障诊断等一批核心关键技术。重点研发以煤质为核心的火电全过程自适应优化控制、机器人智能巡检、人员违章与设备跑冒滴漏等故障的图像识别、设备风险主动预警、智慧监盘、设备风险早期预警与智能检修等技术。示范应用具有自学习、自趋优、少人值守特征的智慧火电厂。

2025 年，完成智慧火力发电关键技术研发，建成具有“自学习、自趋优、少人值守”特征的智慧火力发电厂，支撑大比例火电机组的智能化升级，最终实现极少人值守的智慧电厂示范应用。

4. 新一代高参数超超临界发电关键技术

（1）技术现状及存在的问题。

通过提高主蒸汽参数提升煤电效率，对进一步优化我国能源结构、节约煤炭资源、降低污染物和碳排放具有重要战略意义和实际应用价值。随着适用于燃煤发电的高温材料逐渐成熟，燃煤发电正从 600、620℃等级向新一代高参数（650、700℃）超超临界发电技术迈进，华能莱芜电厂、国电泰州电厂等一批大容量高参数先进燃煤机组相继投运。总体上，我国新建燃煤机组参数、机组数量、能效指标等均已跃居世界前列。2015 年，我国首个 700℃高温材料验证试验平台在华能南京电厂建成投运，已完成了近 30 000 小时关键高温部件的验证，对推动我国新一代高参数超超临界发电关键技术发展起到重要作用。

目前，新一代高参数发电机组的关键高温部件尚不成熟，机组系统设计及关键设备的设计、制造尚无经验，亟待研究开发性能稳定且经济适用的高温材料并完成关键部件的制造和长时验证，研究新一代高参数锅炉炉内气固流动特性、炉内燃烧与工质传热耦合特性、水动力安全、汽轮机高温旋转部件动强度和疲劳寿命以及高效紧凑的热力系统设计等。

（2）研究内容及目标。

重点突破高性价比新型耐热钢及高温合金自主设计及其高温部件制备关键技术，形成工艺规范；新一代高参数锅炉炉内燃烧与锅内换热的耦合匹配、水动力安全及受热面优化布置，汽机气动设计及轴系设置方案，机组系统优化布置等关键技术。重点研发高温段锅炉管、主蒸汽管道和集箱、高压转子、叶片和阀门等所用的高温合金材料，新一代高参数锅炉的紧凑经济布置和设计、汽机本体的设计和制造技术，热力系统回热级数、抽汽参数等的优化设计。示范应用 650℃等级超超临界发电机组。

2025 年，完成关键高温材料及部件的自主设计、制造和性能考核，持续开展高温合金材料的长周期实炉验证；实现新一代高参数锅炉的参数优化和结构设计，确定汽轮机配置及轴系设置方案，形成机组的热力系统优化方案。“十四五”末开始建设 650℃等级超超临界发电示范机组。

5. 煤基联合循环发电及多联产技术

（1）技术现状及存在的问题。

美国、欧洲、日本等国家和地区高度重视煤基联合循环发电与多联产系统的技术研发与示范，形成了各自的技术体系。我国积极开发具有自主知识产权的煤基联合循环发电关键技术和成套设备，建成了我国第一座煤基联合循环发电示范电站，实现了我国煤基联合循环发电零的突破。

目前煤基联合循环发电及多联产系统集成设计规律仍不明确，大容量先进气化技术、低能耗空分技术等核心关键设备方面没有持续的突破，中低热值富氢合成气重型燃气轮机仍然受制于国外厂商，核心设备的设计与制造能力继续加强。系统面临造价高的问题，且系统运行灵活性与供电效率等优势未能良好示范。

（2）研究内容及目标。

重点突破基于先进燃气轮机的煤基联合循环发电与多联产系统优化配置与设计技术。重点研发 3000t/天级以上干煤粉气化炉技术、中低热值富氢合成气重型燃气轮机设计与制造技术、负荷灵活可调的低能耗大规模空气分离技术、中高温煤气净化技术、甲烷合成技术与运行控制技术等核心设备关键技术。示范应用高效、经济、电力灵活调峰的煤基联合循环发电与多联产示范工程。

2025 年，完成高效、经济、电力灵活调峰的大规模煤基联合循环发电与多联产系统设计，实现发电净效率大于 50%。完成煤基联合循环发电与多联产系统的工业试验，联产 H_2 与 LNG。基于先进燃气轮机技术，实现 600MW 级煤基联合循环发电与多联产示范工程示范。

6. 煤炭与生物质、污泥及垃圾耦合高效发电技术

（1）技术现状及存在的问题。

高效环保开发和利用生物质能、污泥及垃圾，对我国实现可持续发展、改善居民生活环境和减少二氧化碳排放具有重要意义。与煤炭耦合发电是生物质、污泥及垃圾实现资源化、减量化及无害化处置的一种新途径，耦合方式主要有直接掺烧、干化（污泥）、气化（生物质、垃圾）等，相关技术主要包括城市垃圾分类预处理及衍生燃料制取技术、多源固废燃料无害化协同焚烧处置技术、二噁英及其前驱物生成抑制分解技术、重金属和氯元素迁徙控制技术等。目前，从各种技术的成熟度和应用程度来看，我国“十四五”期间煤炭与生物质、污泥及垃圾耦合高效发电技术需要重点攻关低能耗固体废弃物处置技术、多源固废燃料污染物排放控制技术及固废产物无害化资源利用技术。

煤炭、生物质直接混燃过程中，碱金属易挥发沉积在锅炉受热面引起锅炉腐蚀；生物质气化耦合气化过程中易产生副产品焦油；污泥耦合发电系统存在焚烧尾气（二噁英、重金属）、干化废水、干化臭气、掺烧量限制等相关问题。煤炭与城市垃圾耦合发电产生的飞灰等危险废固及垃圾燃料长途运输污染、渗滤液处理等问题增加了技术应用难度，目前除了流化床锅炉直燃耦合发电项目以外，相关垃圾耦合发电技术应用较少。

（2）研究内容及目标。

重点突破适用于煤电耦合发电系统城市垃圾分类预处理及衍生燃料制取、多源固废燃料无害化协同焚烧处置、二噁英及其前驱物生成抑制分解、重金属和氯元素

等迁移控制等一批核心关键技术。重点研发低能耗污泥干化预处理系统、多源固废耦合发电二次污染防治技术、耦合发电系统防腐蚀关键装备、飞灰综合利用系统等一批关键系统、装备和技术。示范应用多源固废燃料燃煤机组无害化耦合高效发电工程。

2025 年，实现煤电与城市生活和工业垃圾无害化高效耦合发电技术。掌握煤电混合发电系统中二噁英、重金属控制技术及飞灰综合利用技术。示范无害化耦合发电利用比例达到 20%，发电效率大于 38%的多源固废燃料耦合发电项目。

7. 燃煤机组灵活性改造技术

（1）技术现状及存在的问题。

我国的天然气发电机组较少，可再生能源大比例接入时，燃煤机组要承担更大的调峰任务。目前，火电灵活性改造技术主要集中在低负荷稳燃和供热机组热电解耦方面，已经开发了提升机组响应速率技术、超低负荷稳燃技术、热电解耦技术和低压缸零出力技术等提高机组灵活性的措施，具有一定的调峰能力。

但是，机组深度调峰和快速变负荷能力还需要进一步提升，需要研究煤电与各种储能技术的结合，在保障安全及环保前提下实现代价最小、收益最大。机组深度调峰带来的发电设备安全性、经济性等负面影响还没有深入研究。同时，行业内对灵活性改造技术的认知程度也不尽相同，缺乏统一的参考标准，火电灵活性改造路线、设计选型、施工、检修运行、评价管理等尚不规范，亟待制定相关标准进行规范统一，以进一步促进其科学应用及推广。

（2）研究内容及目标。

重点研究包括锅炉水动力、受热面壁温及非稳态流动汽轮机叶片的安全性，重要金属部件疲劳应力、寿命评估技术，以及深度调峰带来的发电设备安全性、经济性、环保排放等负面影响及解决措施。进一步开发熔盐、电锅炉、富氧燃烧等适应我国电力实际发展需要的灵活性技术，优化既有技术，降低改造成本。重点研发适应灵活调峰运行的关键设备和系统，以及相关的运行优化和改造技术。示范应用大容量高参数智慧灵活燃煤发电机组。

2025 年，针对各种类型机组，研发出针对性的灵活运行和改造技术，形成技术体系并进行示范应用。

8. 支撑关键技术发展的政策机制与研究策略

燃煤电厂烟气多污染物高效一体化协同治理技术方面，从国家政策来看，由于环境资源的公共属性和外部效应，环境资源的配置往往存在市场失灵，因此应强化政府干预和政策引领机制。一方面应依据现有技术发展水平，制定并严格执行符合国情的污染物排放行业标准，及时淘汰落后产能；另一方面应通过调节排污费、上网电价、上网小时数等指标，制定奖励机制，鼓励和促进污染物协同脱除新技术的研发和应用，进一步降低污染物排放浓度限值和排放总量，增加污染物控制种类，将重金属、SO_3、有机挥发物、氨逃逸和有色烟羽等指标及时纳入烟气污染物控制体系。从行业和企业策略来看，应充分发挥市场竞争机制的优势，引导和促进污染物协同新技术的发展。污染物协同脱除技术的研发应以市场化应用为目标导向，避免盲目化和屈从化，应强化新技术工程示范，促进新技术的应用推广。

火力发电厂碳捕集利用与封存（CCUS）技术方面，建议将碳约束指标纳入“十四五”科技创新发展规划进行部署。加大对现有 CCUS 技术的研发支持，提升吸收剂性能，降低溶剂成本以及能源消耗。同时开展下一代 CCUS 技术的研究，突破核心技术，进一步降低捕集成本。加强对 CCUS 的政策支持，鼓励 CCUS 技术领域的商业融资，加快现有 CCUS 技术更广泛的推广部署，同时尽早实现下一代 CCUS 技术的工程示范和推广。构建 CCUS 技术与能源、工业深度耦合的路线图，保证煤电 CCUS 技术及生物质发电耦合 CCUS 技术在 2035 年后能够推广应用。开展二氧化碳利用新技术的研究，形成高效实用的捕集与利用成套工艺和技术。

智慧火力发电技术方面，研发应基于数字化、信息化和自动化技术、软硬件基础和应用需求，面向不同电源类型及发电系统的各个生产管理环节，加强技术协同与整合，整体规划、分步实施。数据平台、控制平台、三维可视化平台、统一门户的管理平台等应具有较好的灵活扩展性、开放性和安全性。目前迫切需要尽快形成智慧火力发电技术行业标准以及新的管理模式与管理制度。

新一代高参数超超临界发电关键技术方面，650℃/700℃等先进超超临界火电机组高温金属材料研发及应用相关技术研发已纳入《中国制造 2025》和《国民经济和社会发展第十三个五年规划纲要》等国家发展战略，应针对新材料供需衔接、产用合作等短板，以新材料生产企业和用户企业联合为主，吸收产业链相关单位参加，重点完善应用开发、服役评价、模拟测试、故障诊断等软、硬件条件，突破新材料应用共性技术，建设全尺寸生产和考核验证装置、应用环境模拟装置等新材料应用示范设施、新材料生产应用示范线和新材料生产应用数据库；组织制定产品标准与设计规范，促进新材料标准及下游应用设计规范衔接配套；通过产学研用的联合攻关，实现材料与终端产品同步设计、系统验证、批量应用等协同联动。通过各方共同努力，推动我国高端材料的产业结构升级，加快高端材料自主化制造和实用进程，为提升我国先进清洁能源装备的自主化整体水平和核心竞争力奠定基础。

煤基联合循环发电及多联产技术方面，通过煤炭或石油焦的气化和化工反应，同时实现电力、液体燃料、化工产品、供热、合成气等的多联产，使得 IGCC 技术在经济上更具有可行性，是 IGCC 的重点发展方向。同时，需要集中力量实现 F/H 级燃气轮机核心技术的攻关突破，在此基础上，新一代 IGCC 将成为近期最有希望率先突破 50%发电净效率的大容量煤基发电技术。

煤炭与生物质、污泥及垃圾耦合高效发电技术方面，目前国内支持生物质与燃煤机组耦合技术发展的产业政策尚需要逐步完善，如耦合项目的上网电价补贴、碳排放交易等。相关政策可以从研发环节的政府计划资助，投资环节的投资、设备补贴，生产环节的计划、市场收购、投资补贴、财税优惠政策、固定电价制度、绿色证书制度、环境税等加以推进，同时也可以通过自愿性碳市场进行融资，保证生物质、垃圾及污泥等耦合发电项目的技术升级和项目落地。通过逐步健全产业支持政策，推动技术研发及产业发展。

燃煤机组灵活性改造技术方面，实现高效、清洁与灵活的协同是燃煤发电机组节能减排技术的发展方向。灵活性技术应拓展研究范围至多台机、区域能源系统，在更广阔的范围内通过机组间负荷优化分配实现全局节能及灵活性。在机组层面，应该研发适应频繁深度变负荷的灵活性节能技术。在设备层面，应该更加关注设备的低负荷性能、瞬态过程性能，实现更为精细的灵活性，在行业层面应建立灵活性标准体系，以进一步促进灵活性技术得以科学应用及推广。

四、重大技术方向四：新能源发电及利用技术

新能源是世界各国科技创新部署的重点，是未来能源电力技术发展的方向。随着国内资源环境约束凸显，能源经济发展形势日益严峻，迫切需要大力发展新能源，打破现有能源供应格局，变革能源生产和消费方式，加快推进能源转型。习近平总书记在第 75 届联合国大会期间提出，中国二氧化碳排放力争于 2030 年前达到峰值，努力争取 2060 年前实现碳中和。2025 年，预计我国新能源装机容量超过 10 亿 kW，新能源逐渐由次要能源转变为主要能源。

新能源发电及利用技术包括陆上风电、海上风电、光伏发电、光热发电、生物质发电、地热发电、海洋能发电等发电技术，以及新能源安全高效并网技术、新能源制氢技术、新能源海水淡化等新能源利用技术。目前，从多种新能源发电的技术成熟度和应用程度来看，我国"十四五"期间新能源发电技术需要重点攻关海上风

电技术、光热发电技术，同时为解决目前高比例间歇式新能源并网带来的安全运行和高效消纳两大难题，新能源利用技术需要重点攻关新能源并网主动支撑技术、分布式新能源并网智能控制技术。

1. 海上风电规模化开发和智能运维技术

（1）技术现状及存在的问题。

2021 年底，海上风电进入竞价甚至是平价阶段，突破大容量海上风电机组及关键部件的定制化设计技术，完成关键部件制造国产化，自主研发高精度多物理场耦合的载荷仿真软件是我国发展海上风电降本增效的必然要求；同时，柔性直流输电并网技术的研究，是海上风电场规模化开发和深远海化技术的重要手段；对大容量紧凑型柔性直流换流器、直流断路器等直流技术关键设备及其换流站平台的研制可以摆脱工程上对于国外的设备依赖，降低设备造价，指导远海大规模海上风电规模化开发，保障国家能源安全；突破海上直流组网送出与稳定关键技术，可以有效提高我国在海上风电领域技术的国际竞争力，使国内技术加速实现国际化；运检维一体化的全生命周期优化管理技术，可以颠覆目前海上风电的运维方式，有效提高系统故障检出率和出力可靠性，有效降低运维成本。

海上大容量机组的轴承、主轴、大型叶片等关键部件几乎全部依赖进口，成本高昂。在风机设计软件方面，国内基本采用国外软件开展设计，版本更新费及技术服务器开支巨大，难以直接修订参数，不利于实际工程设计中故障风险的规避；单个海上风电场开发容量为数百兆瓦级，规模难以满足海上风电资源的深远海化开发。现有固定式基础结构形式及交流输变电方式在深远海存在不能适用，亟需在漂浮式设备及规模化开发方面取得突破。国内海上风电柔性直流换流站平台及关键设备（高压大容量柔性直流换流器、高压直流断路器等）技术主要掌握在国外厂家手中，国产化程度亟待提高；海上风电智能运维装备研制方面，智能感知和边缘计算传感器的核心原件以进口为主，大数据数字化系统目前仍处在独立运行的信息孤岛状态，难以做到降本增效。

（2）研究内容及目标。

重点突破大容量海上风电机组关键部件（包括风轮系统、传动链系统、支撑结构等）结构轻量化设计方法及其国产化，以及高精度多物理场耦合的风电设计软件的自主研发。重点掌握海上紧凑化柔性直流换流阀制造技术、高压—毫秒级开短时间—数十千安级开断能力的直流断路器及直流换流设备国产化研制的核心技术、百万千瓦级海上紧凑型换流站平台集成化标准化设计研发技术，并开展相应工程实践。

重点研究大规模深远海风电场站直流组网模式研究和多场站全自治直流电网运行稳定性，以及千兆千瓦级深远海上风电集群直流组网关键技术。重点研发海上风电状态智能感知、故障智能诊断及设备状态智能评估平台，基于人工智能和检修机器人技术的海上风电全生命周期的运检维一体化优化管理平台，以及主体设备的状态评价方法及多维度检测及运检维特性量化平台体系。

2025 年，完成海上风电机组大型化及机组定制化开发技术研发；完成高压一毫秒级开短时间一数十千安级开断能力的直流断路器及直流换流设备的全国产化研制；掌握千兆瓦级海上风电场站集群规模化开发，直流组网、并网方案柔性化和系统化技术，并进行相关工程实践；掌握海上风电运检维一体化设备研制及全生命周期优化管理技术。

2. 新能源发电并网主动支撑控制技术

（1）技术现状及存在的问题。

在新能源集中开发地区，新能源装机容量已达传统同步发电的 3 倍以上，系统同步支撑性弱，由新能源发电、直流输电及其他电力电子装置特征导致的宽频振荡、暂态过电压等系统稳定问题凸显。经过“十三五”期间项目的研究和应用，提出了提升新能源电站主动支撑能力的区域新能源电站与分散式储能集群优化协调控制、新能源发电机组与场站参与一次调频等主动支撑电网运行控制等关键技术；研制了包含发电单元控制和发电站协调控制的新能源电站电网主动支撑控制装置，并进行了示范应用，新能源发电机组在弱电网下的稳定运行和暂态故障穿越能力得到一定提升。

随着新能源比例逐渐提高，局部地区形成以新能源为主导的弱同步电力系统。目前的研究大多是针对局部电网条件下的特定问题，对新能源发电等装置及系统动态特性与暂态行为的认识仍不够深入，缺乏对系统稳定机理的基础理论解释，接入与运行缺乏规律和原则可循，在新能源接入及送出极限、系统特性分析与感知、新能源全工况宽频带电磁暂态仿真、新能源发电自同步控制、支撑电网调频（调压）的新能源场站主动控制等主动支撑控制能力提升等方面的研究需求迫切。

（2）研究内容及目标。

重点突破新能源接入弱电网的稳定分析与接入极限评估技术，揭示新能源接入弱电网稳定机理，提出多重安全约束下的接入极限评估方法；重点突破大规模新能源全工况宽频带电磁暂态仿真与振荡抑制技术，研究弱同步电网下新能源发电机组的自同步控制及暂态主动支撑控制技术，研究特高压送出新能源基地的暂态过电压机理及抑制技术，研发提升新能源发电基地送出能力的源—网多层多尺度协同运行控制系统。

2025 年，新能源发电自同步控制、支撑电网调频（调压）的新能源场站主动控制等技术将取得突破，实现新能源对电网惯量、一次调频（调压）等的主动支撑和自同步运行。构建大规模新能源全工况宽频带电磁暂态仿真平台，解决大规模新能源宽频带振荡、新能源基地经特高压外送暂态过电压等问题。研发新能源基地多层级多尺度运行控制系统，实现新能源从被动适应到主动支撑转变，提升大规模新能源基地稳定运行和送出能力。

3. 海量分布式新能源自主运行与智能控制技术

（1）技术现状及存在的问题。

分布式是新能源利用的主要方式之一，分布式新能源发电单元容量小、数量众多，且发电利益主体多样化，缺乏智能感知、自主优化与协调控制能力。经过“十三五”期间项目的研究和应用，已经开展了高渗透率分布式新能源接入中低压配电网的稳定性原理及分析方法、海量分布式新能源全景监测和自适应控制、“云—边”协同的规模分布式新能源广域协调优化控等关键技术研究，提高了分布式新能源发电单元的智能化水平。

随着分布式新能源的快速发展及其在配电网的占比不断提高，其规模化、多点分散接入特性及间歇性、随机性带来的电压频繁波动、越限和常规无功设备的频繁分合调节等问题尚待解决，新能源与电网协调运行体系尚未构建，分布式发电等新能源并网性能与受端电网特性是否匹配尚不清楚。当系统发生交、直流严重故障时，分布式光伏发电在很短时间内直接脱网，在分布式光伏发电装机容量较大的省份会产生大幅功率损失，引起潮流转移，甚至电压稳定和频率稳定等一系列问题，对于分布式光伏发电，特别是受端电网中分布式光伏发电的研究还存在不足。

（2）研究内容及目标。

重点突破基于边缘计算的分布式新能源状态感知、就地信息高效处理、数据安全传输技术，提出基于 5G 的分布式新能源“云—边”协调优化控制算法，研究高比例分布式光伏发电自主运行与智能控制技术，提出区域海量分布式光伏发电、分散式风电集群的批量控制策略，研究海量分布式新能源全景监测和自适应控制技术、研发“云—边”协同的规模分布式新能源广域协调优化控制系统。

2025 年，掌握高比例接入下分布式新能源集群运行特性及作用机理，提出面向电网不同支撑需求的分布式集群协同控制策略，解决规模化、多点分散接入特性以及间歇性、随机性带来的电压频繁波动、越限和常规无功设备的频繁分合调节等问题。提出基于“云—管—边—端”的能源互联网下分布式光伏发电、分散式风电云控制框架，为高比例分布式新能源的友好并网与高效运行提供理论技术和系统装备支撑。

4. 先进太阳能热发电技术

（1）技术现状及存在的问题。

清洁、低碳、安全、高效是我国能源发展重要方向，我国能源结构正从化石能源为主逐步向高比例可再生能源转型。电网中风电和光伏发电等间歇性和不可调度性电源占比越来越高，给系统调峰和调频带来更高要求，急需可灵活调度的可再生能源电源以便接纳更多的风电和光伏发电。具备低成本、可快速和深度调峰特性的超临界二氧化碳（sCO_2）太阳能热发电技术可担当电网调节电源，是当前国内外研究热点，其与光伏发电和风电等组成可再生能源电源是新一代电力系统的发展趋势，该技术的发展对我国能源转型具有重要的战略意义。

太阳能热发电技术发展趋势是提高发电效率，降低成本。sCO_2 热力循环具有外燃、高效率和功率范围适用于太阳能热发电技术的特点，第四代太阳能热发电的吸热和储热介质温度在 800℃以上，采用 sCO_2 作为透平工质，是美国能源部认为唯一可将太阳能热发电电价降低到 6 美分/kWh 的技术。目前欧盟、美国、韩国、澳大利亚、日本等都开展了该方面的部署。包括 sCO_2 为工质的太阳能热发电系统集成设计技术，800℃高温吸热、传热、储热材料设计与制备，高温介质传输技术，高温吸热器和储热器的加工技术，sCO_2 透平及发电机组的制备技术等关键技术均不成熟，处于实验室研发或样机制造阶段。

（2）研究内容及目标。

“十四五”期间主要研究内容包括：

1）系统集成和调控技术。包括 sCO_2 为工质的太阳能热发电系统集成设计、热力循环与优化技术，sCO_2 动力循环的启停方案，变工况调控，整体系统控制策略等运行策略的制订及仿真。

2）关键材料。包括 800℃高吸收率耐高温固体颗粒陶瓷，800℃高温颗粒材料抗氧化，700℃高温熔盐设计及净化技术，与 sCO_2 不低于 700℃发电系统配套的高温耐腐蚀材料技术和材料腐蚀控制技术，347H 钢国产化。

3）关键装备。包括 800℃颗粒吸热器，高温 sCO_2、颗粒换热器设计技术，高温储热和颗粒输运技术，700℃高温熔盐吸热器和熔融盐储热容器。

4）高效紧凑的 sCO_2 回热技术，大型储热罐热应力与疲劳。

5）600℃的 sCO_2 透平发电技术，其中重点研发宽范围高效率透平和压缩机设计技术、高可靠性密封技术、长跨距转子系统设计技术及透平发电机组调节与控制技术等。

预期目标：到 2025 年，实现 sCO_2 循环发电技术的工程化应用，完成吸热器、储热材料与设备、换热器、介质传输装备和 sCO_2 透平的样机制造，建立 MW 级 sCO_2 塔式太阳能热发系统示范，其吸热器工作温度大于 700℃，储热系统温度大于 650℃，透平进口温度大于 600℃。

5. 支撑关键技术发展的政策机制与研究策略

（1）海上风电规模化开发和智能运维技术。

1）从国家政策来看，自 2020 年起，新增海上风电将不再纳入中央财政补贴范围，在开发成本仍然高昂且无中央财政补贴的情况下，应进一步完善海上风电相关政策，探索实行配额制下的绿色电力证书交易和地方补贴政策，设立专项基金鼓励海上风电产业的研发制造能力，保障海上风电产业持续发展。

2）从行业和企业策略来看，要高质量开发海上风电，除了应该解决大容量机组的定制化、可靠性、降本增效等重点环节存在的问题外，还必须让整机商联合设计院、施工商和运维商一起制定海上风电整体解决方案，打造海上风电开发的利益共同体。另外，国家和企业可适时推出海上风电规模化开发和智能运维关键技术发展的系列研发计划。

（2）新能源发电并网主动支撑控制技术。

1）政策引导，加强合作。由国家电网公司系统科研单位牵头，国家电网各省公司配合，发电设备制造企业和电站开发商高度参与，开展新能源发电主动支撑智能控制技术研究和应用。

2）示范试点建设。从设备级状态与输出、系统级稳定与协调两个层次综合提升新能源发电支撑能力与稳定，新能源富集地区为试点，在新能源发电单元、新能源场站、大规模新能源接入区域实现运行，试点区域自主调压、惯性支撑与调频、阻尼功率振荡等综合主动支撑能力明显提升。

（3）海量分布式新能源自主运行与智能控制技术。

1）制定合理的分布式新能源自主运行与智能控制考核办法，构建对应用部门更具指导意义的考核指标体系，针对不同规模分布式新能源场站采用差异化考核方式。

2）建设基于云技术的分布式光伏发电、分散式风电调度控制平台，为大规模不可观测的分布式新能源运行提供安全运行平台，保障高比例分布式新能源的友好并网运行，提高电力系统的运行经济性、安全性以及新能源消纳水平。

3）开放合作，共享发展。推动分布式新能源发电企业与电网企业合作，广泛吸引产业链上下游合作伙伴共同参与分布式新能源自主化、智能化建设，推动分布式新能源运行数字化转型。

（4）先进太阳能热发电技术。

带有储能的太阳能热发电技术是新一代电力系统中的重要技术，上网电力的功率可调和频率稳定对电力系统至关重要。发展 sCO_2 太阳能热发电是我国电力装备制造企业、电力生产企业加快转型、提高发展质量的重要推动力量。从电力技术和市场发展战略出发，以新一代电力系统为基础，综合考虑风电、光伏发电成本及太阳能热发电的系统灵活性稳定性，从系统安全角度研究太阳能热发电、光伏发电、风力发电三者容量协同关系，在国家层面上研究提出可再生能源综合发展模式、费用合理分摊方式及相应的政策机制是非常必要的。

五、重大技术方向五：新一代核能发电技术

核能是清洁高效能源，是战略性的高技术基础产业。核能发电作为清洁高效的基荷能源，对保障我国能源安全、实现2030年非化石能源20%的目标，具有举足轻重的作用。核电作为一种清洁高效、安全稳定、经济性好的清洁能源，是目前世界和我国能源转型发展的重要部分。根据国家能源发展“十三五”规划，2020年力争达到5800万kW运行、3000万kW在建目标。中国工程院发布的《中国能源中长期（2030～2050）发展战略研究》，2030年达到2亿kW，占电源总装机容量的10%。我国每年将开工6～8台机组，每年核电建设总投资可达1600亿元，带动社会总产出约4800亿元，运行和在建市场广阔。“十四五”和未来相当长一段时期，核能发电和综合利用将成为我国能源结构调整的重要组成部分，同时也是我国全面提升装备制造业水平和整体研发实力的重要引擎。

核电在国内外有着较为广阔的市场发展空间，当前我国已成为全球新一代核电技术发展的中心，具备了从“核电大国”向“核电强国”迈进的条件。然而，全面掌握新一代核电技术，在国内沿海和内地均批量化建设，确保安全的前提下保障经济性，并在国际市场上获得一定份额，需要在核电设计计算、关键设备研制、建安工艺技术上形成一整套的自主化研发体系和制造体系。因此，“十四五”期间，核电

科技重大技术方向主要集中在关键“卡脖子”设备及燃料技术、核能综合利用技术、小型堆和核聚变技术等，需要进一步加大研发力度，力争世界一流。

1. 核岛先进主泵关键技术

（1）技术现状及存在的问题。

核电主泵是在核反应堆中唯一长期高速转动的装备，作为反应堆安全运行的心脏，是核能发电的关键装备，要求具有绝对的可靠性。目前全世界可以自主生产主泵的公司包括美国西屋、美国 EMD、日本三菱、法国法马通、法国日蒙、德国 KSB、奥地利 Andritz、俄罗斯 ASE、乌克兰 SUMY 和美国 Flowserve。国外主泵生产厂家竞争激烈，美国西屋公司保持领先优势，并且在不断研发新型屏蔽主泵技术。国内屏蔽主泵技术目前处在引进吸收和工程样机研发阶段，整体设计、关键材料和制造工艺水平与国外公司存在较大差距。屏蔽主泵的设计制造难度主要反映在屏蔽电机上，电机在设计、制造、结构和材料方面拥有多项关键技术亟待实现自主化研发制造。

主泵被喻为反应堆的心脏，属于核Ⅰ级安全泵，是核岛一回路系统的核心装备，它直接关系着整个反应堆的运行状况和安全性能。同时，屏蔽主泵广泛应用于核电、石油和化工等行业，在免维修和在役检查的条件下，最长的服役时间可达 40～60 年，成为全世界大型装备制造业的竞争高地。因此，屏蔽主泵关键技术的研发突破对我国整个装备制造业、高强度耐腐蚀材料产业、转动设备研制水平都具有全面的提升作用，部分关键技术可直接应用于高端制造和先进材料行业，为我国实现高端装备跨越式发展和制造强国梦想提供强有力支撑。

经过多年的努力，通过技术引进及消化吸收，依托国家重大专项立项研究，实现了核电主泵屏蔽电机系统设计、试验台架、关键部件和金属材料的国产化研究及试制，但目前在大功率可靠主泵屏蔽电机设计模拟技术、抗震设计分析、试验回路设计优化、部分高性能材料国产化、表面处理工艺和水润滑轴承技术方面距离世界先进水平仍然存在较大差距，许多关键技术亟待研究解决。

（2）研究内容及目标。

重点突破 CAP1000 屏蔽主泵国产化和批量化生产核心关键技术，包括屏蔽电机电磁场分析技术、润滑和冷却系统热分析及高压热交换器制造技术、水润滑轴承及推力盘 Hipping 技术、耐辐照绝缘及线圈制造技术、大尺寸屏蔽套制造及安装、电机配套高性能材料制造。CAP1400 屏蔽主泵首台套关键技术，包括整机系统设计和模拟技术、耐久性验证试验、泵体锻件材料等。重点研发 CAP1400 屏蔽主泵高效水力模型设计、抗震分析算法及软件、试验回路整体设计及建造、试验验证及鉴定技术方案、主法兰锻件和机壳锻件材料、水润滑轴承相关关键技术。示范应用 CAP1000 国产化屏蔽主泵系统、完成 CAP1400 屏蔽主泵工程样机及产品泵研制，建立屏蔽主泵整体设计技术体系。

2022 年，实现 CAP1000 屏蔽主泵首次商业化应用并成功调试运行，全面掌握大型屏蔽核主泵设计、验证试验、耐腐蚀高性能金属材料和整机安装调试关键技术，具备独立研制大型核极主泵的科研能力。2025 年，完成 CAP1400 屏蔽主泵应用，实现关键零部件和工艺全部国产化，主泵整体性能达到世界先进水平，最终完成主泵不同系列产品代际开发和标准化应用。

2. 核电站数字化仪控系统及关键芯片研究

（1）技术现状及存在的问题。

核电数字化仪控系统是核电未来发展必不可少的技术支撑，它是将先进的信息技术、检测技术、传输技术、电子传感技术、控制技术及计算机技术等有效地运用于核电领域，是保证核电站安全运行的关键和基础。核电站数字化仪控系统是核电站的“神经中枢”，它对确保核电厂的安全、经济运行起着至关重要的作用，是新一代核电站关键技术和装备之一，其设计和设备除了要保证工程上具有的成熟性和先进性外，还要确保整个核电站寿期内的不断升级和改造，是一项随 IT 发展而持续改进的技术，是现代化大型核电站和其他尖端工业领域的核心技术之一。2018 年，美国能源部称中国正将民用核电技术转移到新一代核潜艇、核航母、海上浮动堆等军用技术上，美国宣布对我国核产业实行禁运。随着中美贸易摩擦不断升级，美国政府出台 CFR810 条款严格限制对中国的核电装备出口。目前，以核电仪控和核测装备为代表的高端核电装备技术仍被少数发达国家垄断或技术封锁，随着百万千瓦级及以上的第三代、四代核电站与海上浮动堆的发展，我国核能产业快速崛起，从技术源头入手开发芯片级具有完全自主知识产权的高端核电装备成为实现“核电强国”和核电信息安全的必由之路，我国高端核电装备国产化迫在眉睫。

依托“十二五”“十三五”期间重大专项课题，国内研究机构研制成功了新一代基于 FPGA 芯片的数字化反应堆保护系统，成为全球首个通过中美政府核安全监督机构行政许可的核电站反应堆保护系统平台，在关键芯片（FPGA 芯片）、操作系统等关键元器件方面进行了国产化替代研制，现已完成原理样机生产制造。但鉴于国内微电子工业的能力，平台中的普通基础未采用国产化芯片，后续需要进一步开展基于国产化普通基础芯片的反应堆保护系统平台开发和系统替代工作。另外，目前研制成功的国产化核电站控制系统，普遍缺乏有效的内核信息安全防御措施，因此无法实现本质信息安全的防御体系。为了降低进口 FPGA 芯片在系统中应用带来的潜在硬件木马程序等引起的信息安全风险，“丨三五”期间开展研制基于国产 FPGA 芯片的多样化驱动系统，做到核心芯片的国产化替代。与此同时，由于在国产化核心芯片的选择和设计上要与反应堆保护系统保持多样化，即在芯片生产厂家、芯片架构、芯片规模、开发工具和开发团队上保证两者的多样化，这就要求多样化驱动系统也需要另外独立开展国产 FPGA 等核心芯片的替代开发工作，以保证核电站各大仪控系统信息安全防护水平的均衡提高。在面向核电站长期在役运行和延寿必不可少的核电造装备领域，其核心技术与高端装备仍然被美国和加拿大等国的公司垄断，且伴随国际局势的复杂化，禁运风险极大增长，成为我国核电事业发展的关键障碍。

（2）研究内容及目标。

“十四五”期间，在现有仪控原理样机的基础上，进一步开展工程样机的设计、制造和集成测试。继续联合相关 IT 厂家开展适用于核电领域的通用基础芯片研制工作，如存储芯片、电源芯片、转换芯片等，在此基础上开展相应的原理样机研制。重点实现在不降低产品性能条件下，对现有控制系统平台采用三层纵深防御技术方案，从边界到内部网络再到内核数据，层层深入防护，并同时基于国产芯片和操作系统替代进口产品，真正达到信息安全的自主可控，使得核电站控制系统足以抵抗有组织的黑客及敌意组织的信息安全攻击，提高整个社会对核电站安全的信心。

2023 年，针对百万千瓦级及以上第三代、四代核电站与海上浮动堆专用数字化仪控系统的高可靠性、高运行安全性、核电信息安全需求，完成围绕核安全级专用主控芯片及仪控系统的关键技术研究。2025 年，完成核级控制系统关键测量仪表的设计与开发，完成核心技术自主可控的高可靠性、高性能核级专用控制系统开发以及核级鉴定与评估，并实现产业化应用示范。完成面向核岛内主设备的机器人化再制造自主关键技术系统攻关，实现该领域的成套装备产业化。

3. 多用途、高效能小型先进反应堆技术

（1）技术现状及存在的问题。

国际原子能机构（IAEA）对小型先进反应堆（SMR）界定为发电功率小于 300MW 的核反应堆。为满足新的需求，其设备和系统可以模块化地制造、运输和现场安装。当前国际上发展较好的先进小型堆可以分为陆基小型压水堆、海基小型压水堆、钠冷或者铅冷快堆、高温气冷堆、熔盐堆 5 类。综合针对小型反应堆的研究，高温气冷堆建设和运行经验不足，且受外部条件和配套设施的制约，短期内较难大规模发展；钠冷或者铅冷快堆、熔盐堆在工程技术上尚未完全成熟，大多处于概念设计阶段。考虑到我国现阶段轻水反应堆的运行和建设经验，可以判断，未来在设计上以非能动安全理念和模块化式的小型水冷反应堆将会获得认可，近期内或将成为市场研究的主要堆型选择。“十四五”期间需要对其进行关键技术的重点突破，实现全面自主化和国产化。多用途、高效能小型模块化先进反应堆是一种绿色清洁无污染能源，在建设方面具有投资小、适应性强、工期短、续航能力强等天然优势，是替代落后的火电产能、城市区供热、核能制氢、海水淡化、海洋供能平台的绝佳选择，在工业生产上可满足热电联产、热汽联产等需求。

小型反应堆虽然具备诸多优势，但同时存在一些技术和待进一步研究的问题:一是小型反应堆建设的法律法规、审批程序不完善，当前主要采用与大堆相同的模式，为实际推广应用带来一定困难；二是经济性有待改善，特别是相比于传统的清洁能源（煤电和天然气）价格竞争力，小型反应堆的经济性不具有竞争优势，一定程度上影响投资者的参与热情；三是一体化型号关键技术和应用场景关键技术还未完全攻克，如一体化小堆先进燃料、关键设备、测量和控制，海洋应用场景中的高性能燃料及抗冲击性能、水化学条件下设备材料相容性、设备材料小型化轻质化等，需要继续开展研究；四是公众可接受性需要加强，以供暖小型堆为例，一般靠近供热负荷中心布置，广大民众用户的可接受性和安全信心非常重要，一方面需要进一步加强公众宣传，另一方面需要从技术上彻底避免安全事故发生。

（2）研究内容及目标。

“十四五”期间，围绕实现小型轻水反应堆全部关键设备国产化和大面积推广应用为目标，开展相关技术研究。重点研发非能动安全系统和严重事故条件下的防控方案，进一步提升小型反应堆的安全性；简化系统设计，实现一体化和标准化机型模块化制造，并进一步研究实现工业化流水线生产模式，降低建造成本；围绕小型反应堆应用场景和应用技术开展深入研究，如核能供热、制氢、海水淡化、小型反应堆能源区域智能化等，突破应用中关键材料、核心装备的国产化瓶颈，如远距离供热、制氢关键材料、海淡反渗透膜和热法装备等。进一步完善小型反应堆的监管法规、标准体系和审批程序，在确保安全性的前提下，提高小型反应堆经济性及建设和审批效率，从而更好地推动小型反应堆的应用与发展。

2022 年，实现小型反应堆首次商业化应用示范项目开工，全面掌握小型反应堆一回路关键设备和控制系统关键技术，具备自主化开发不同功率机型的小型堆能力。

2025 年，完成首座小型轻水反应堆的建成投用，实现全部关键零部件和制造工艺全部国产化，小型反应堆整体安全性能达到世界先进水平，具备批量化建设条件。

4. 大型核电基地核能综合利用关键技术

(1) 技术现状及存在的问题。

目前大型核电站主要用于发电，只有少数反应堆应用于核能供热和海水淡化。随着技术的发展，尤其是第四代核能系统技术逐渐成熟和应用，核能有望超脱出仅仅提供电力的角色，在“十四五”期间大型核电站将在围绕高效发电、核能制氢、海水淡化、核能供热和高温工艺热利用等多个方向发展，核能将在“十四五”期间构建多能融合的复合能源系统中发挥重要作用。在电力需求不足的情况下，增强核能经济性，达到能源梯次利用，使反应堆产生的热能得到充分利用，并形成核电机组核能综合利用技术方案，提升现有核电机组和新建核电机组的先进性和经济性，保护环境，节能减排，核能与供热、海水淡化、制氢等技术的综合利用是未来核电基地建设方向。习近平总书记在中央财经领导小组第 14 次会议上，强调“推进北方地区冬季清洁取暖”，党的十九大做出的打赢蓝天保卫战重大决策部署，《中华人民共和国能源法》中第三十九条明确国家鼓励发展推广多能联供，提高热电机组的利用率，发展热能梯级利用技术。对核能综合利用关键技术的研究，事关满足人民日益增长的美好生活需要，事关全面建成小康社会，事关经济高质量发展和美丽中国建设。核能综合利用关键技术的研究和突破对于我国核能长远发展，实现安全清洁高效发展目标具有重要意义。

核能综合利用在我国还处于初始发展阶段，总体利用方案和各领域引用技术还不成熟，主要表现在几个方面：一是核能综合利用总体技术方案尚处于摸索阶段，需要进一步结合核能发电、周边能源利用需求和城市规划建设进行综合研究；二是核能综合利用应用关键技术有待突破，如热化学制氢技术中高温强腐蚀条件下材料和设备尚不能国产化，海水淡化反渗透膜和成套设备自主化能力不强，与发达国家存在一定的差距，核能供热远距离传输也是当前主要技术难题，温排水余热回收、汽轮机乏汽供热技术尚不太成熟，需要进一步攻关；三是核能综合利用智慧能源平台体系建设需要进一步研究，智慧能源在核能综合利用的应用是未来的发展方向，目前国内该领域研究需要进一步深入。

(2) 研究内容及目标。

“十四五”期间重点研究核能供热、海水淡化、制氢及其他用户在核能中应用的总体方案，开展经济性分析，形成核能综合利用的优化方案。研究开发核能综合利用智慧控制和运行技术，提升可靠性和灵活性。开展核能综合利用关键技术研究，建成核能综合利用设计仿真平台，进行方案比选和设计，实现综合利用方案的优化设置，并进行智慧控制和运行的大数据分析算法研究。开展结合物联网的核能综合利用智慧控制和运行技术方案研究。开展厂内外供热，热泵和大温差供热技术方案研究。开展安全设计原则研究，研究不同供热情况下的堆、电、热匹配原则，提出关键设备设计准则。开展核能海水淡化的合理匹配方案，提出优化控制策略，进行工艺比选并掌握关键技术，开展关键技术的试验研究及核心设备热工水力试验研究。开展核能制氢耦合工艺方案研究，形成可行性和经济性分析。

通过“十四五”核能综合利用的研发，实现北方、南方沿海核电基地核能综合利用总体方案的标准化，并在后续核电基地开发展中进行推广应用。2022 年，依托建成的三代引进核电建成核能综合利用示范工程，完成主要关键应用技术的研究开发。2025 年，依托国和一号、华龙一号自主化三代核电技术建成核能综合利用和智慧能源示范城市，形成与自主化核电技术配套的智慧核能综合利用总体技术方案，为后续核电基地建设和核电走出去发展提供强有力的技术保障。

5. 乏燃料循环后处理、中低放废物处置技术

（1）技术现状及存在的问题。

安全高效发展核电是我国核能产业发展的重要战略方针，其中核燃料循环是发展核电过程中不可忽视的一个环节，在核电装机容量大幅增加的背景下，如何处理日益增多的核电乏燃料，保障核工业体系安全稳定运行，同时更好地节约资源、控制成本，已成为核电领域发展面临的新问题，具有重要的意义。放射性废物的最小化，是低、中放射性废物管理的总体要求趋势。随着我国核电产业和核技术利用产业的发展，低、中放射性废物将进一步增加，成为放射性废物处置的重要部分。集中式区域处理中心是目前国外放射性废物管理的发展趋势，也是我国应重点关注和应用的管理模式。该模式将有利于集中采用先进高效的废物处理手段，实施废物的无机化、稳定化和减容化处理。因此，低中放射性废物的先进工艺实现自主化是极其必要的，对于我国核电和核技术应用事业发展具有极其重要的战略意义。

我国从事乏燃料领域的科研、设计单位较少，后处理技术和装备制造经验不足，引进消化国外先进技术任务主要落在以四〇四厂、瑞能科技、原子能院为代表的中核集团，示范项目则以法国阿海珐公司为主导。设备方面，部分产品已经基本实现国产化，进入核电市场推广阶段，如中子吸收材料、常规机械电气设备。部分产品需在现有核电基础上进行适应性开发或改进生产，如远距离操作阀门、机械手、热

室等。但工艺流程主设备技术难度较高，我国基础相对薄弱，距离大规模国产化仍具有较长的路线要走，如剪切机、溶液反应器、离心澄清器、脉冲过滤器、萃取分离器、玻璃固化装置等。目前我国核电厂分散的配套废物处理设施，从技术经济角度考虑，主要采用减容比较低的整备处理工艺，从长期处置的安全角度，尚未实现高效减容、有机废物的无机化、高度稳定化。

（2）研究内容及目标。

“十四五”期间，重点突破乏燃料离堆储运技术、PUPEX 系统标准化设计和处理装备自主化研制，积极开展剪切机、容易反应器、离心澄清器等关键部件的开发研究。完成建设乏燃料后处理示范生产线，具备小规模处理能力，实现关键部件国产化制造。2022 年前完成水法后处理生产线中试，掌握水法工艺和设备关键技术；开展干法工艺技术研究和试验平台开发。2025 年前完成水法大规模 1000t 级以上处理线调试投用，初步掌握干法处置关键技术，完成试验装置建设。

中低放废物处置方面，“十四五”期间开展蒸汽重整和等离子熔融处理理论研究及原理研究，提出技术方案，搭建试验平台，开展工艺验证试验，确定主要工艺参数；根据试验结果优化装置设计，获得最佳工艺参数和系统设计指标，完成样机定型；开展中低放废物集中处置场地选址和建设方案研究开发。2023 年前完成中低放废物处置系统总体设计和关键设备研制，完成系统安装及系统调试，实现现场规模化处理；完成中低放废物处置场选址和审批，完成设计研发。2025 年完成产业化型号设计定型，建立标准化运行维护方案，在主要核电厂址实现推广应用，建成我国首个中低放废物集中处置场地。

6. 可控核聚变关键技术

（1）技术现状及存在的问题。

可控核聚变俗称“人造太阳”，可为人类提供清洁、安全且原料取之不尽的能源，是人类最终解决能源问题的希望。聚变中子对堆芯结构材料的活化也只产生少量短寿命放射性物质。聚变反应堆本身是安全的，没有核泄漏、核辐射等潜在威胁。核聚变能源被认为是人类未来的永久能源，研究核聚变、开发核聚变能具有极其重大的科学意义和战略意义。通过近 50 年全世界磁约束聚变界的共同努力，在托卡马克装置上开发聚变能源的科学可行性已经被实验证实，ITER 计划正是在这样的基础上为进一步建造示范堆（DEMO），进而建造聚变电站而提出的一个聚变实验堆，它将为示范堆和聚变能电站提供集成的科学和技术基础。该计划目前已进入工程建造阶段。通过 CFETR 聚变实验堆建设，加快我国聚变能发展战略进程，为建造商用聚变堆提供全面的工程技术基础、数据管理体系及安全评价标准等，对解决能源危机问题具有重要意义。

目前，对于氘氚聚变能，其燃料研究的核心问题之一就是燃料循环过程氚自持的优化实现。对于核聚变燃料，需要相应的堆芯材料来与之配合，开发相应的抗强辐照、相容性好、耐高温、结构和功能合适的堆芯材料是发展核能的另一个关键的科技问题。包层是聚变堆实现核燃料自持和能量输出发电的载体，是聚变能源开发最为核心的技术，产氚技术本身也是敏感的国防技术。由于缺乏聚变中子辐射环境的测试条件，到目前为止，对包层性能研究所做出的结论仅停留在理论模拟计算层面上，未经核环境验证，还存在很大的不确定性，目前国内外没有合适的高能、高通量中子辐照装置对聚变堆包层与材料进行辐照研究。此外，聚变堆 CFETR 的设计目标是实现氚燃料的自持，包层生产的氚需要进行提取、分离、储存、再循环等复杂关键工序环节，且规模空前大（每小时气态氚的吞吐量达到千克量级），氚回收效率极高（大部分工艺要求大于 99%），全世界尚无现成系统。聚变包层遭受 14MeV 中子辐照，氚在材料中滞留，使材料活化产生大量的中低放长寿命和中低放短寿命核废料，活化部件的维护、维修、退役都需用遥操设备转运到热室，在热室中使用遥操设备进行清洗、去氚处理、更换或切割、分类分区存储，以及辐照后检测分析等，热室与遥操系统是包层、氚循环系统重要的支撑系统。聚变堆热室内放射源项复杂（各类固体放射物和氚），热室内辐射剂量大（～300Gy/h），需要专用的分级包容、通风系统，需用大型遥操设备完成部件的搬运、清洗、去氚处理、更换或切割、分类分区存储，精度要求高，工序繁杂。在 ITER 建成前，国内外还没有如此大型复杂的热室和遥操系统。因此，针对聚变堆燃料循环系统的技术瓶颈，开展相关的科学研究，掌握燃料循环系统的核心技术，为我国聚变工程实验堆 CFETR 奠定坚实基础。

（2）研究内容及目标。

“十四五”及后续围绕建设聚变堆燃料循环系统的技术需求，依托产生聚变研究适用能谱的高通量中子源，建设聚变堆燃料循环系统研究设施，对包层模块产氚、氚循环过程进行细致研究，包括对氚吸附、氚快速净化、氚分离、氚在线测量等子系统进行研究。同时建立热室及相关遥操维护平台，该平台主要用于考验包层实验模块的辐照后检验、制备成小尺度燃料组件、燃料处理研究、遥操作维护功能测试、力学性能试验、热物性能分析等。

2023 年，完成核聚变实验堆燃料循环系统实体建设，具备开展相关测量实验的基础；完成反应堆相关部件和模块的辐照实验，实现燃料组件工程样机和小批量制造目标。2025年，依托ITER国际合作项目，通过创造和维持氘、氚燃烧等离子体，检验和实现各种聚变技术的集成，并进一步研究和发展能直接用于商用聚变堆的相关技术。

7. 事故容错核燃料（ATF）技术

（1）技术现状及存在的问题。

事故容错核燃料（ATF）是通过提高燃料材料热物性或包壳材料抗高温氧化性能，使燃料能够在较长时间内抵抗严重事故工况，同时保持或提高其在正常运行工况下的性能。这种新型燃料系统事故容错核燃料的材料特性，能延缓事态恶化的速度，为人们采取应急措施争取到更多宝贵时间，大大降低放射性原料突破安全屏障泄漏到环境中的风险。福岛核事故后，美国提出了ATF燃料概念。相关国家均开展研究，包括美国、欧洲国家、中国、日本、韩国等。2016年3月，国家发展改革委、国家能源局联合发布了《能源技术革命创新行动计划（2016～2030年）》，行动计划将先进核能技术创新放在显著的位置，核燃料系统作为核反应堆的核心系统，对提升和保证核电站的经济性和安全性具有非常重要的作用。核燃料系统包括燃料组件、燃料相关组件和结构材料。事故容错核燃料研发符合国家核电先进技术研发技术方向，是我国必须重点突破的关键技术。

随着美国用户要求文件（URD）和欧洲用户要求文件（EUR）对第二代改进型和第三代核电厂的经济性、可靠性和安全性提出更高的要求，燃料组件也朝着提高燃耗、延长换料周期、提高安全裕度和可靠性等方向持续改进和发展。燃料组件设计技术的发展与材料技术的发展紧密相关、相互影响。开发先进的事故容错核燃料及配套高性能材料是保证核电安全高效发展的最关键问题。中国核燃料组件的设计虽然起步明显落后于美国、法国、俄罗斯等国，但近期发展较快。国内目前正在研发的燃料组件型号有CF系列燃料组件、STEP系列燃料组件、CAP1400燃料组件。其中，CF系列燃料组件的研发较快，CF2燃料组件将用于巴基斯坦K2/K3首炉；CF3燃料组件采用了自主研发的N36锆合金包壳材料，最大燃耗52GWd/tU，CF3研制完成后将用于巴基斯坦K2/K3的换料。中国核工业集团有限公司在2016年启动了CF4燃料组件的设计研究，其目标燃耗为60GWd/tU，燃料包壳为N45合金。我国虽然开展了事故容错核燃料相关跟踪研究，但尚未突破关键技术并实现工程应用，其中包壳的制造技术方面有多元少量合金化，大铸锭带来的锆合金成分均匀性问题，大变形、低温加工工艺技术等仍不成熟，需要在“十四五”期间进行重点研究。

（2）研究内容及目标。

"十四五"期间，继续开展事故容错核燃料的研发工作，同步改进和开发以现有 UO_2-Zr 燃料系统为基础的燃料，重点突破事故容错核燃料关键技术，包括包壳设计改进研究，如添加碳化硅复合陶瓷、铁铬铝合金、钼合金等高性能材料作为包壳涂层；燃料设计改进研究，采用高密度燃料芯块，如铀硅化物和一氮化铀等；其他高熵合金、材料基因工程、核燃料的多尺度分析和试验技术等国际核燃料及材料前沿领域和发展方向。

2023 年前完成事故容错核燃料概念设计、软件开发、材料方案设计与研制等开发研究。2025 年前全面掌握：事故容错核燃料设计，包括高性能包壳材料的研究和选用，先进燃料芯块设计；试验验证，包括事故容错核燃料建模、制造小比例设备原型、辐照测试、蒸汽反应测试、机械性能测试、熔炉测试；试验堆上瞬态辐射测试、铅组件测试等；商用核电站入堆考验等；开发包括模拟工况试验装置、动水腐蚀装置等大型试验装置；建成先进的事故容错材料堆外性能试验与微观检测平台和高精度事故容错服役性能数值模拟平台，具备完整的先进燃料试验技术和理论评价体系研究能力。

8. 核电"智慧工地"建设智能化应用技术

（1）技术现状及存在的问题。

"智慧工地"是全面运用移动互联、物联网、人工智能、虚拟现实、大数据等新一代信息技术，实现实体工程虚拟化、智能化，系统汇聚进度、安全、质量等数据信息，实现现场施工智慧化管理。以进一步提升项目安全管理及防造假能力，助力核电工程建设，为打造"智慧核电"奠定良好基础。聚焦建设期的安全质量管理，聚焦实现"两个零容忍"。"防城港事件"发生后，政府加强了对核电工程的监管力度，对核电工程建设提出了"两个零容忍"的要求。国家能源局在 2020 年 6 月发布的《关于加强核电工程建设质量管理的通知（征求意见稿）》中提出，深入研究推广信息化、智能化、大数据等新技术在核电工程建设管理中的应用，统筹建设共享高效的信息管理平台和"智慧工地"，提高建设项目管理信息化、智能化水平，更好地保障工程质量。

核安全是核电的生命线，在核电工程上应用的技术都是经过反复验证的可靠性极高的技术。"智慧工地"是一个新兴概念，是在互联网时代催生出的新一代核电工程管理工具，在核电项目也是首次应用。是否能与核电站仪控系统相结合，是否能实现从工程期管理到生产期管理的过渡，都是后续工作中需进一步研讨的课题。目前 5G 技术还处于技术发展和产品研制阶段，需要先试点再广泛应用。在现场对人员的定位精准度仍不够，需要通过合理的技术手段来进一步保障。

（2）研究内容及目标。

在“十四五”期间，将重点推动“智慧工地”的规划和示范建设，建设“智慧工地”示范项目，实现网络层、应用层和展示层的有机结合。在网络层，探索在核电工程应用先进通信技术的可能，利用无线与有线网络、5G 网络及其他智能化应用所搭建 LoraWAN 等专用网络，做到永临结合，且专网须满足国家相关网络安全规定。在应用层，要涵盖人员管理、施工机械管理、HSE 管理、质量管理、AI 图像识别、安保管理、可视化工地、智慧仓储等功能。在展示层，要应用现场大屏、移动 App、工程管控中心、预警平台等多样化的展示手段。

2022 年，完成智慧工地现场场景和数据采集，建立三维模型和电子数据库，完成各类应用模块数字化流程和程序编制，联合移动单位在现场搭建通信网络平台，实现在国和一号示范工程工地的智能化应用。2025 年，完成国和一号“智慧工地”系统产品性能优化和设计定型，形成自主知识产权的“智慧工地”系统，实现在核电和同类型大型建设项目的推广应用。

9. 高温气冷堆核电关键技术

高温气冷堆作为国际公认的第四代先进核能系统，具有固有安全性高、发电效率高、系统简单、用途广泛等特点，备受多方青睐，是国际核能领域第四代核能系统中六种备选堆型之一，是能够适应未来能源市场需求的新型核反应堆堆型。在已经建成并运行的高温气冷实验堆 HTR－10 的技术基础上，电功率为 20 万 kW 级、具有自主知识产权的高温气冷堆核电站示范工程正在建设中，属于国家重大科技专项，具有重要的战略意义。

（1）技术现状及存在的问题。

高温气冷堆采用全陶瓷型包覆颗粒球形燃料元件，具有在不高于 1600℃的高温下阻留放射性裂变产物释放的能力。堆芯设计保证在任何运行工况和事故情况下，燃料元件最高温度不超过其安全限值。采用燃料元件连续装卸、多次循环的运行模式，使反应堆功率分布和卸料燃耗更为均匀。设置控制棒系统和吸收球停堆系统两套停堆系统，依靠重力下落实现停堆功能，提高了停堆系统的可靠性。采用非能动的余热排出系统，将散到舱室水冷壁上的堆芯余热通过自然循环和自然对流方式传至大气。在总结 20 万 kW 高温气冷堆项目实施经验的基础上，后续 60 万 kW 级模块式高温气冷堆核电机组的研发和配套关键技术的攻关工作正在稳步推进。

高温气冷堆仍存在一些"卡脖子"技术。高温气冷堆部分设备，如主氦风机配套用电磁轴承、配套用变频器、配套用电气贯穿件等，需要进口；超高温材料及蒸汽参数还不能满足延伸产业需要。为此，仍要加强设备自主化研究、超高温气冷堆技术研发以及示范项目的工程放大工作。

（2）研究内容及目标。

为推动高温气冷堆技术产业化，"十四五"重点开展几个方面研究：一是针对高温堆满足国际最严格的核安全标准，在技术上不需要厂外应急的特点，研究论证高温堆代替退役火电的可行性，积极开展示范试点工作，开展示范项目的工程放大研究；二是在高温气冷堆氦气透平、热电联产、核能制氢等方面，积极开展有关专题研究，探索更大的核能综合应用空间。三是推行经验反馈、设计优化和标准化，提前开展石墨国产化、中间热交换器、950℃超高温气冷堆技术研发和试运行工作，开展超临界二氧化碳透平技术在高温堆和其他四代堆核能系统中的使用研究，不断提升高温气冷堆的国际竞争力；四是针对电磁轴承、变频器、电气贯穿件等关键设备，依托国内设备制造厂，开展国产化试制及试用。

2025 年，完成 20 万 kW 高温气冷堆建成发电，并成功开发出高温气冷堆综合利用示范基地；完成 60 万 kW 高温堆关键技术研发和总体设计任务，完成 60 万 kW 高温堆示范项目选址、前期工作，具备开工条件；在 20 万 kW 运行成功经验和 60 万 kW 高温堆研发的基础上，大规模推广高温堆小堆综合利用项目，实现高温堆技术出口并在国外建设，全面提升我国高温气冷堆的技术水平和国际竞争力。

10. 支撑关键技术发展的政策机制与研究策略

新一代核电技术的长远发展必须要有总体规划和政策支持。

（1）建议国家根据能源调整需求，制定新的或者修订核电中长期发展规划，明确核电发展规模、建设进度和技术重点研究领域。为新一代核电技术研发提供强有力的市场支撑。

（2）鉴于我国核电目前自主化技术日趋成熟，建议国家建立一套核电标准体系文件，涵盖工程设计、设备制造、建安施工、运行维护领域，形成我国自主的核电标准体系，为核电走出去打下坚实基础。

（3）加快对小型反应堆示范项目、小型反应堆综合利用和大型核电基地海水淡化、核能供暖的政策支持力度，在财税政策上给予倾斜，有利于核能清洁能源全面推广应用，实现我国建立"清洁低碳、安全高效"能源体系的总体目标。

六、重大技术方向六：水力发电技术

经过多年的发展和实践，我国建成以三峡工程为代表的一系列世界级水电站，标志着我国从水电大国迈入水电强国，取得了一系列代表性成就。2020 年 6 月 28 日，金沙江乌东德水电站首批机组投产发电，习近平总书记作出重要指示，坚持新发展理念，勇攀科技新高峰，高标准高质量完成后续工程建设任务，努力把乌东德水电站打造成精品工程。习近平总书记的重要指示为我国水电发展提出了新的目标和要求。

坝工技术取得多项重大突破。我国建成了一批高水平大坝工程，建成投产了以锦屏一级、溪洛渡、乌东德为代表的 300m 级高混凝土拱坝，以龙滩、光照为代表的 200m 级高碾压混凝土重力坝，以水布垭、洪家渡为代表的 200m 级高混凝土面板堆石坝，以糯扎渡为代表的 250m 级高土心墙堆石坝。成功解决了高水头、大流量、窄河谷的泄洪消能关键技术问题，如锦屏一级拱坝开创了高坝无碰撞消能的先例，溪洛渡拱坝以泄洪流量、泄洪功率和泄洪消能综合技术难度之大位居世界之最。

地下工程技术日趋成熟。我国建设的水电站地下洞室群规模和难度世界罕见。乌东德水电站地下厂房开挖高度 89.8m，尾水调压室开挖半径 26.5m，均为世界第一，且建成了一批跨度超过 30m、长度超过 300m 的地下厂房；锦屏二级水电站引水洞长达 17km，且为大埋深、高地应力、大突涌水的岩溶地层。

多项施工技术处于世界领先。混凝土浇筑强度、防渗墙施工深度、地下工程施工难度达世界之最。峡谷区施工总布置、施工仿真系统的研发与应用全球领先。我国首次提出的大坝填筑质量监控系统，发挥了实时、自动、连续、全过程、高精度填筑质量监控。溪洛渡、乌东德拱坝实现了由智能化技术与智能化管理到智能建造体系的跨越。

水工建筑物防震抗震处于国际先进或领先水平。尤其是大坝抗震理论与实践保持科学发展前沿，独立自主创新了抗震设计理论和方法，形成一套工作方法和评价标准体系。“5.12”汶川特大地震灾区的大、中型水电大坝，遭受了超强地震作用，均经受住了严峻的考验。

大型机组位居世界首位，水电装备国际领先。我国混流式、轴流转桨式和灯泡贯流式水电机组的设计制造水平已达到世界先进水平，葛洲坝 17 万 kW 发电机组至今依然是世界上尺寸最大的轴流转桨式机组，乌东德水电站单机 85 万 kW 机组是世界最大水电机组，在建的白鹤滩水电站单机容量达 100 万 kW，在机组设备研制、设计、制造、材料等领域推动了我国特大型水电设备设计制造技术的全面发展，为国内大型水电工程提供先进可靠的发电设备，为大型水电装备走出国门，提高竞争力奠定坚实的技术基础。

水工金属结构设备技术已达到国际领先水平。大型水电站闸门尺寸大、水头高；启闭机械容量大、扬程高。小湾电站潜孔式弧形闸门最大设计水头 160m，操作水头 105m。三峡工程双线连续五级船闸，总水头 113m，单级闸室尺寸及过船吨位均为世界最高水平，属当今世界水头最高、级数最多的内河船闸。三峡和向家坝工程的齿轮齿条爬升式升船机，景洪的水力驱动式升船机已经建成投运。

1. 高地震区、超厚覆盖层筑坝防渗技术研究

（1）技术现状及存在的问题。

水利水电工程中，覆盖层作为挡水大坝的基础较为普遍，在深厚覆盖层上修建挡水建筑物，防渗体系的安全性决定了工程的整体安全。21 世纪以来，随着我国水利水电事业发展，覆盖层上建设高坝不断取得成功，防渗技术不断提高，特别是在地质条件复杂的西南山区相继建成若干千万千瓦级巨型水电工程，围绕高地震区建设高坝、复杂地质坝基处理和大坝防渗开展了深入技术攻关，形成了一系列关键技术成果，取得突出建设成就，积累了丰富的工程经验。

"十四五"期间，我国水电开发将主要集中在藏东南地区，地质构造发育，地震烈度高，河谷深切和深厚覆盖层现象突出，深达数百米深厚覆盖层地基条件十分复杂，大坝防渗安全问题更加突出。需系统研究高地震烈度区坝基厚覆盖层地基处理和筑坝防渗技术。

（2）研究内容及目标。

开展研究区深厚覆盖层物质组成、分布特征及物理力学特性研究；系统分析深厚覆盖层软弱坝基变形、深层抗滑失稳、渗漏及渗透变形、基础地震液化等对工程的影响，研究软弱覆盖层地基处理技术；研究深厚覆盖层筑坝防渗关键技术；研究深厚覆盖层上高坝抗震技术。

2025 年，结合藏东南地区的水电开发，实现软弱覆盖层地基处理、深厚覆盖层筑坝防渗、深厚覆盖层上高坝抗震等关键技术的进一步突破，建立深厚覆盖层上高坝抗震安全性评价系统。

2. 深埋地下长大隧洞和超大型地下洞室群建设技术

（1）技术现状及存在的问题。

金沙江下游梯级水电站巨型地下厂房洞室群规模、地下厂房跨度均位于世界前

列，厂区构造地应力高，岩体坚硬性脆、隐裂隙发育，多条长大缓倾角软弱错动带斜切地下洞室群，洞群效应及围岩稳定问题十分突出，工程建设难度巨大。多年来，通过理论创新、室内试验与现场测试、数值分析与工程类比、实时监控与反馈优化、工程设计与工程建设管理相结合，突破了高地应力、长大错动带、硬脆岩性岩体等复杂地质条件下建造巨型地下洞室群的技术难题，一系列千万千瓦级巨型水电站相继建成成功投产发电，发挥巨大经济和社会效益，为我国能源结构优化调整、能源系统运行安全、节能减排、社会经济发展提供了绿色低碳优质安全的清洁能源。

规划未来开发的西藏水电工程所处区域地质条件极其复杂，“截弯取直”引水线路涉及区域海拔高、地应力水平高、地震烈度高、区域断裂发育且分布密度大，大型水电站地下洞室群埋深大、洞线长、洞径大，面临不良地质段应对、高地应力、高地温、大涌水段处理、通风散烟与排水、穿越活动断层结构等设计、建设技术难题，需针对深埋大直径隧洞和超大型地下洞室群建设的技术难题开展研究，为后续工程实施提供相应技术储备。

（2）研究内容及目标。

重点开展特殊地质段超大型地下洞室群集成化布置研究；研究适应高原特殊环境的超大型地下洞室群围岩变形与稳定控制成套技术；实施安全高效施工工艺及配套装备研究；开展地下洞室群施工及通风排烟环保关键技术研究；实施洞室群开挖全过程实时反演和预测技术、开挖支护安全监测预警信息化技术研究；洞室群全生命周期稳定安全评价系统研究。

2025年，实现深埋大直径隧洞和超大型地下洞室群关键建设技术的进一步突破，建立洞室群全生命周期稳定安全评价系统，基本形成隧洞和地下洞室群数字化施工管理平台。

3. 环境保护与生态修复技术

（1）技术现状及存在的问题。

水电开发中的栖息地生境受损、鱼类洄游通道受阻、河流水文情势等环境因子改变带来的环境问题是亟待解决的重点问题。水电开发过程中的水生生态环境保护及生态修复技术主要包括栖息地保护、连通性恢复、增殖放流、生态调度及一些针对性保护措施的研究及实施等。这些保护措施的实施，对于水电开发过程中的生态修复发挥了积极的作用。

虽然单一水电开发生态环境保护已具备一定的技术基础和实践经验，但当前主要存在的梯级电站高坝大库的修建阻隔鱼类洄游通道，造成栖息地生境破碎化等问题仍然突出，大型梯级水电开发生态环保技术研发能力亟待提升。后期应加强流域梯级电站开发产生的流域性、累积性影响研究及保护措施研究，统筹考虑干支流、上下游及水陆生态保护问题，建立流域生态环境监测信息系统，评估流域生态功能，实现生态环境安全的准确预警。以流域生态系统结构和功能动态演变、重要水生生物资源对环境因子变化响应为重要内容，通过水生生物学、生态学、水文水力学等多学科融合方法，长期开展生态环境监测工作，以监测数据为依托深入开展受控河流生态环境演变机理机制研究。

（2）研究内容及目标。

重点突破流域大型梯级水电开发生态友好型生态调度、鱼类栖息地保护及修复技术、多目标生态调度技术、高坝大库过鱼设施设计与运行、水库下泄水温改善技术、珍稀特有鱼类人工繁殖及增殖放流效果评估、水污染综合治理、生态与环境监测技术等一批核心关键技术。重点研发高坝大库集运鱼系统、分层取水设施、自动化监测装备、水环境预警系统等一批关键系统和装备。示范应用高坝大库集运鱼系统、水温减缓措施和鱼类栖息地生态修复工程。贯彻生态文明建设精神，开展流域范围生态专项调查，摸清流域现状，深入分析流域生态保护主要问题及水电开发累积影响，制定针对性系统保护措施。

2025 年，实现流域大型梯级水电开发生态保护与修复技术体系建设，示范流域范围栖息地保护、连通性恢复、水温减缓及流域生态调度，建成鱼类栖息地生态修复示范工程。科技支撑集运鱼系统和分层取水设施设计与运行，完善流域水电开发生态环境监测网络，构建生态环境智能化管理综合平台。最终实现流域水电开发与生态保护协调发展。

4. 高水头大容量水电机组技术

（1）技术现状及存在的问题。

通过三峡、溪洛渡、向家坝、乌东德、白鹤滩水电站等巨型水电工程，推动了我国水电机组技术水平跨越式发展，已具有自主知识产权的 100 万 kW 水轮发电机组设计制造技术，达到了世界领先水平。目前，乌东德水电站的 85 万 kW 已经投产，白鹤滩水电站 100 万 kW 水电机组正在安装高峰期，将于 2021 年投产发电。

当前的技术还不能满足西南水电开发的特殊性要求，需进一步推进高水头大容量水电机组研究，开展高水头、大容量、高转速水轮发电机蒸发冷却技术及高水头、大容量水电机组配套技术研究。

（2）研究内容及目标。

开展高水头大容量混流式水轮机、冲击式水轮机研究，包括水力开发、水轮机模型研制及试验、结构设计；开展高水头大容量水轮发电机研究，包括电磁设计、结构设计、绝缘技术、推力轴承技术；开展发电机定子、转子内冷却技术原理、机构及工艺研究；围绕高水头大容量水电机组特殊性，开展机组制造工艺研究和加工制造技术研究，为保证制造高质量的水电机组提供保障；围绕高水头大容量水电机组受力大、转速高、工况复杂等特点，配套开展适合使用要求的铸锻件、硅钢、磁轭钢板等原材料研究；开展高水头大容量水电机组配套用高海拔电气设备（包括主变压器、GIS 等）研究；开展高水头大容量水电机组电力送出关键技术研究。

2025 年，针对藏东南水电开发，突破高水头大容量机组研制的一系列难题，包括高水头大容量高转速水轮发电机蒸发冷却技术和高水头大容量水电机组配套技术，以满足高寒高海拔高脆弱等不同地理条件地区的水电开发需求。

5. 水电建设运维数字化、智能化技术

（1）技术现状及存在的问题。

面向金沙江梯级电站质量标准高、安全风险多、技术难度大的管理挑战，坚持问题导向，以精细化管理为抓手，以科技创新为动力，实现了现代管理科学和水电工程建设技术、信息技术的集成应用，在溪洛渡水电站基础上，进一步依托乌东德、白鹤滩水电站开展了智能化筑坝关键技术深化研究。研发智能技术和成套设备实现关键工艺智能控制，达到了个性化调控、精细化管理需求；实现了大坝结构工作性态可知可控；对智能生产控制系统进行了应用集成，建成了智能建造信息管理系统；特高拱坝智能建造成果已及时转化，服务于国家重大工程现场建设管理，应用总体良好。

目前，水电机组系统智能分析方法，尤其是故障预警和故障分析方法普遍缺乏，数据背后隐藏的价值也没有充分挖掘和有效利用。

（2）研究内容及目标。

开展水电工程智能建造深化研究与应用，包括水电站智能预警技术、状态分析评价技术、智能巡检技术、智能检修技术、水电工程资产数字化技术、“智慧移民”技术等智能化平台建设与应用。开展自学习、自适应、自诊断、自恢复等智能化运行技术研究，包括流域运行管理信息化、智慧化平台建设、水电站数字化、智能化传感器技术应用研究，以及机组数字化解决方案研究、水电站全生命期智能安全监测技术等。

2025 年，进一步完善乌东德、白鹤滩大坝工程智能建造信息管理平台的升级扩展，提升 5G 网络技术在智能建造系统中定位方面的融合应用，实现水电机组数字化解决方案研究及示范应用，提高水电工程大坝建造技术与运维管理智能化水平。

6. 流域梯级水电站群多目标调度与运维技术

（1）技术现状及存在的问题。

水库调度技术的基础研究发展较缓慢，相关的理论研究和模拟计算如洪水演进、泥沙冲淤等，模拟精度难以满足水库精细化调度要求；水利信息化建设还相对薄弱，水雨情遥测站网布局有待进一步优化，水文泥沙观测成果时效性有待进一步提高，同时缺乏基础数据综合管理系统及综合调度决策支持系统。

随着流域梯级电站陆续投产运行，调度和管理方式从单个水库独立运行转变为多个水库联合调度，然而目前多梯级、多电站、多功能、多目标、多约束的联合调度处于初步阶段，缺乏足够的经验积累和数据分析，对联合调度的规律还有待进一步深化，调度能力和水平还需进一步提升。

（2）研究内容及目标。

研究水库群建成规模下流域水文情势、泥沙演变规律，加强水文气象、泥沙预测预报技术研究，提高预报水平和水资源综合利用效率。重点开展：梯级水库群建成规模下的水文情势、泥沙演变规律研究；考虑气候变化和长江流域水库群运行影响的水文气象预报调度技术应用研究；产输沙规律变化及水库群泥沙联合调度方式研究；梯级水库联合防洪调度研究；梯级水库联合蓄水、消落调度研究；梯级电站联合发电调度研究；梯级水库多目标优化调度模型开发与应用研究；梯级联合调度体制机制及规程编制技术研究；流域运行管理信息化、智慧化平台建设。

2025 年，调度信息感知、预报预测、优化调度等方面的能力有效提升，流域梯级水资源综合运用能力和水平显著提高，初步实现流域重要干支流梯级水库群联合协同调度，进一步提升流域水资源安全、高效、可持续利用水平。

7. 水电工程健康诊断、评估与修复技术

（1）技术现状及存在的问题。

截至 2019 年底，全国发电总装机容量 201 066 万 kW，其中水电装机 35 640 万 kW，水电装机占全国发电总装机容量的 17.7%。因此，水电工程枢纽建筑物和水电机组安全可靠稳定运行对我国经济社会和能源安全有重要作用。当前，水工建筑物安全诊断尚未能全面自动诊断，水电机组健康诊断与评估需对机组运行状态进行全面把控，甚至能根据水电机组运行数据、变化趋势提前研判机组状态，避免机组发生事故，并提前安排检修维护。

（2）研究内容和目标。

重点开展水电站状态监测、数字化、智能化系统平台研发；建立水电站关键机电设备运行状态综合评估系统方法、标准及体系，开展重要设备检验、诊断和使用寿命评估。

2025年，基本形成可以整合多方数字化、智能化的状态监测系统、故障诊断预测系统的综合性数据诊断平台；通过水电站机电设备运行综合评估方法研究，进一步提高设备安全运行的可靠性，延长关键机电设备的使用寿命。

8. 高海拔严寒地区复杂条件下高适应性筑坝材料技术

（1）技术现状及存在的问题。

近年来，我国陆续建成一系列大型水利水电工程，其挡水建筑物高达300m级，通过开展科技攻关，筑坝技术在混凝土坝应力与稳定分析、大坝结构体型设计、混凝土材料生产配制、施工仿真与监测、智能建造等方面取得一系列研究成果，支撑了巨型工程的高质量建设，大批工程建成成功投运标志着我国混凝土筑坝水平进入世界先进行列。但就所处区域，这些工程多位于气候温和、海拔相对较低的地区，科研试验、现场生产条件差异不显著。

"十四五"期间，我国大型水电资源开发的重心向西藏、云南、四川、青海等高海拔高寒地区转移，此类地区气候环境条件恶劣，对混凝土大坝的筑坝材料、筑坝技术，温控设计和施工方法提出了新的要求和挑战。

（2）研究内容和目标。

研究高海拔严寒等复杂环境下高强高耐久筑坝材料及其混凝土的配制技术及其性能演化规律、老化状态检测识别方法与诊断标准；针对极端低温、大温差、大风、干燥、低气压、强辐射等高寒复杂条件带来的混凝土坝开裂、冻融破坏、施工质量控制难等工程风险，系统研究高强高抗冻高抗裂大坝混凝土制备与施工质量控制、混凝土坝施工运行全过程防裂、大坝表面耐久防护与安全监控等关键技术。

2025年，针对未来大水电高寒、高海拔、资源匮乏等条件，开展坝型、筑坝材料等相关课题研究，突破材料本体、防裂防护、质量控制、耐久安全运行方面技术瓶颈。

9. 支撑研究与发展的政策机制与研究策略建议

电力市场化改革后，受风电、太阳能等新能源的挑战，水电作为清洁能源的开发量会进一步减少和萎缩，如何稳步推动藏东南水电开发，有序开展高寒高海拔复杂环境条件下的大型水电工程安全高效建造、电站全生命周期智能监测预警和管控平台建设、流域水库群影响效应和智慧调度关键技术、关键设备零部件、核心技术国产化研发和替代等关键技术研究，提升存量业务水电站运行效率，发挥其稳定、易调节、综合效益将成为水电业务需要研究的主要课题。新形势下，水力发电技术的长远发展必须要有国家等各层级的一系列政策机制的支持，以提升水电开发的市场竞争力。

七、重大技术方向七：电力装备制造技术

“十三五”以来，我国在电力装备制造领域取得了重大突破，2017 年，“特高压±800kV 直流输电工程”获国家科学技术进步奖特等奖。一大批高端电力装备，如±535kV/3000MW 柔性直流换流阀、500kV/26kA 直流断路器、1100kV 特高压 GIL、±800kV 高端换流变压器、1000kV 现场组装式大容量交流变压器、交流 500kV 交联聚乙烯海底电缆、±1100kV 直流穿墙套管、±800kV 级联式柔性直流换流阀等研制成功并获得应用，整体电力装备制造产业在规模和质量上取得了显著进步。

随着电力装备制造领域的不断发展，特高压已经逐渐成为我国继高铁、5G 之后的第三张“中国制造”的名片，以国家电网公司为代表的中国力量已经开始走出国门。然而，我们也要清醒地认识到，我国电力装备制造技术较国外的 ABB、西门子等企业，虽然在规模化成本、部分技术参数指标等方面具有了一定优势，但在若干关键核心部件、高性能材料、芯片等方面，仍在存在“卡脖子”和受制于人的技术短板；在可持续发展方面，仍需要加大对可再生能源消纳能力、绿色环保水平方面的技术投入。因此，“十四五”期间，电力装备制造技术领域需要开展全自主可控技术、大容量和远距离输电技术、环保技术等方面的关键技术研究，支撑我国从“电力装备制造大国”向“电力装备制造强国”迈进。

1. 基于全自主可控的二次控保设备设计及制造技术

（1）技术现状及存在的问题。

我国电力二次控保技术已经处于国际领先水平，但控保设备使用的核心芯片、操作系统等关键部件大多却来国外厂商，存在“卡脖子”风险。加大自主创新力度，构建自主可控的二次控保设备设计及制造技术体系对于巩固扩大领先优势、提高核心技术自主化十分关键。

随着近年来电力二次设备自主可控技术研究的推进，常规变电站继电保护设备

的研制工作已初步取得了阶段性成果：对标现行技术规范研发的多个型号高压继电保护设备通过第三方检测，并在不同电压等级的多个变电站投入试点运行；智能变电站继电保护设备及过程层关键设备正处于原型机研发攻关阶段，2020年内将开展集中检测工作和应用试点工作；与此同时，面向自主可控新一代变电站的二次系统优化技术规范和新型样机研制也在有序推进中。

在现阶段研发过程中，较突出的问题有：

1）主要元器件存在部分技术指标较差、批量一致性较差、耐受工业温度环境及复杂电磁环境下稳定性较差、功能性不足较多等技术问题；沿用现有双重化架构设计的二次控保设备，能否满足变电站二次控保系统可靠、稳定长期运行要求尚待工程检验。

2）嵌入式核心处理器的性能功耗比较低、符合二次控保应用需求的外设资源较少、技术生态相对匮乏，针对类似常规高压直流控保应用，继续沿用现有分布式控保系统的设备架构设计难于达到应用计算性能及可靠性需求。

3）基于开源软件已基本实现二次控保操作系统可控，要达到完全自主水准，亟待系统性深入研究、消化吸收和再生创造。

4）二次控保系统的网络信息安全有待加强，体系化的安全加固技术研究亟待开展，自主可控的二次控保系统通信规约也需推进研发。

（2）研究内容及目标。

重点突破适应分布式计算的控保设备多余度冗余架构、存储和通信数据容错、在线状态系统监测及参数校准、结构化信息安全加固、安全实时操作系统、热设计系统优化、系统电磁兼容加固等一批核心关键技术。重点研发新一代变电站用二次控保设备、电网安全稳定控制设备、常规高压直流输电二次控保系统、柔性交直流输电二次控保系统及其他电力电子输电装备用二次控保设备等一批关键装备和系统；研究全自主可控二次控保设备的可靠性、稳定性评估技术，全自主可控二次控保设备与传统控保设备混合使用时的系统可靠性、稳定性验证及评估技术。示范应用全自主可控的新一代变电站二次保护、电网安全稳定控制设备、常规高压直流输电二次控保系统、柔性直流输电二次控保系统工程。

2025年，实现新一代变电站二次保护系统的自主可控，示范自主可控的电网安全稳定控制系统。2030年，支撑远距离大容量输电、异步联网，示范应用常规高压直流输电二次控保系统。2035年，支撑大规模清洁能源并网、海岛供电，示范应用柔性直流输电二次控保系统；支撑综合潮流控制、配网电能质量优化，示范应用柔性交流输电二次控保系统。最终实现我国电力系统二次控保的自主可控，保障电力系统安全、可靠运行。

2. 高压大容量油浸式电力设备主动保护技术

（1）技术现状及存在的问题。

现有的大型电力变压器等油浸式电力设备保护可以快速、可靠切除影响电网安全运行的故障，满足系统安全对保护的要求。当油浸式电力设备内部发生大电流短路故障时，即使现有保护快速动作，但由于油箱内巨大电弧能量引起绝缘油高温裂解气化，压力过大导致油箱破裂，从而造成爆炸。此类事件时有发生，极大地威胁电网安全和人身安全。只有在内部缺陷未发展至故障时，保护主动预警、隔离，才能避免此类事件的发生。

（2）研究内容及目标。

"十四五"期间，亟需开展高压大容量油浸式电力设备主动保护理论和技术研究，通过电气、力学、化学、仪器仪表等多学科交叉融合，探索设备内部故障演化规律、外部扰动对故障表征参量影响机理，研究设备从缺陷向故障转化的特征参量及其关联规律。基于物理场的故障特征辨识方法，电、磁、压力、流速等多参量自适应保护原理，实现设备缺陷至故障发展全过程保护，提升以大型电力变压器为代表的油浸式电力设备和电网安全运行水平。

构建变压器多参量多维特征融合的自适应主动保护方法，实现变压器故障发展全过程保护设备的研制，力争在 2025 年，结合高压大容量油浸式电力设备的智能化建设，实现其示范工程应用。

3. 可抵御换相失败的特高压常规直流输电技术

（1）技术现状及存在的问题。

常规直流技术已实现世界引领，特高压常规直流输电关键技术取得了重大突破，单工程输送容量提升至 10GW 级，成果应用于多个工程。自常规直流输电技术实现工程应用以来，学术界和工业界一直在研究抵御换相失败的方法，提出了晶闸管参数优化、关断角优化控制、串联电容等多类方法，对直流工程的换相失败问题有了明显改善，但并没有彻底解决换相失败问题，换相失败风险仍将影响多落点交直流电网安全稳定运行。

（2）研究内容及目标。

基于可控电压源、可关断电流源型换流器等可解决换相失败问题的关键技术，研究新型特高压直流输电换流阀电气设计方案、控制保护策略及工程化应用成套技术，借助电网用高压大功率电力电子器件的推进，实现全自主可控的装备国产化。

结合新型特高压直流工程示范、既有工程升级等途径，推进可抵御换相失败的特高压直流输电换流阀示范工程建设，解决我国直流多馈入系统换相失败难题。工程额定电压±直流多馈入，额定容量 8000MW，受端换流站采用新型具备抵御换相失败能力的特高压直流输电换流阀后，阀厅占地面积不变，且不改变原有交直流接口设计，直流系统逆变侧不发生连续换相失败及其引起的直流换流阀闭锁，单次换相失败发生概率及其持续时间均降低 90%以上。

4. 紧凑型、低损耗、高可靠性的特高压柔性直流输电技术

（1）技术现状及存在的问题。

柔性直流输电技术总体趋于成熟，研制了±535kV/3000MW 柔性直流换流阀、535kV/26kA 直流断路器，建成世界首个 500kV 级直流电网工程，研制了±800kV/5000MW 柔性直流换流阀样机，并开展了柔性直流输电技术在海上风电领域的应用。但受限于器件成本、损耗、体积等因素，柔性直流输电的技术经济性仍待提升，尤其在海上风电并网领域的应用，对设备的紧凑化、高可靠性、无人值守技术等方面提出了更高的要求。

（2）研究内容及目标。

结合国产大功率器件开发与应用，开展紧凑型、低损耗、高可靠性的新型柔性直流输电技术研究，研制新型的±800kV 特高压柔性直流换流器。针对可再生能源高比例接入需求，研究特高压柔性直流输电系统主接线与运行方式、过电压与绝缘配合技术、线路故障识别与快速保护技术及特高压阀和阀控设备工程化技术，借助电网用高压大功率电力电子器件的推进，实现全自主可控的装备国产化。

围绕西北地区新能源电力送出，建设±800kV 西北地区新能源电力送出特高压柔性直流输电示范工程，采用经济性较好的“半桥 MMC+直流断路器”方案，采用全自主功率器件，与当前技术相比，换流器功率密度提升 20%，效率提升 10%。

5. 超特高压变压器分接开关研制

（1）技术现状及存在的问题。

随着我国超高压、特高压输电工程规模化建设的推进，超高压、特高压工程给国内变压器行业带来了绝好的发展机遇。但是，作为变压器关键部件的分接开关，在超特高压电压等级的产品仍然依靠进口，且供应商单一，成为“卡脖子”问题。国内分接开关制造企业，多年来一直在从事超高压、特高压分接开关的研发，但由于产品结构、工艺技术不够成熟，只有在 500kV 及以下变压器上有应用经验，在

500kV 以上电压等级国内暂无可替代进口的高可靠的分接开关产品。

（2）研究内容及目标。

重点开展分接开关能够安全承受由电流变化率过大造成的恢复电压、循环电流、切换容量等参数变化规律的研究；谐波条件下对分接开关载流能力影响的研究；产品的机械及电气可靠性研究；变压器分接开关防火防爆实验方法及相关性能的研究等。

超特高压变压器分接开关是电网建设中关键设备的“卡脖子”基础元器件，通过国内研发、制造及试验企业的合作攻关，研制出满足超特高压变压器需要的分接开关，解决该领域被国外厂商“卡脖子”的问题，对于国家建设及制造业走出国门都有着重要而现实的意义。分接开关参数为级电压 6000V，额定通过电流 1000A，调压级数 35 级。

6. 超高压大容量开关技术

（1）技术现状及存在问题。

随着电力系统中发电机、变压器容量的增大，系统中短路电流直流分量衰减时间常数也相应逐渐增大，西北地区已经遇到在 363kV、63kA 水平下直流分量衰减时间常数达到 120ms 的难题。另外，随着电网的发展，很多地区超高压电网的计算短路水平已经超过 63kA，现有国产超高压断路器的技术指标已经难以满足需要，对超高压断路器提出了开断 80kA 甚至更高短路电流的需求。目前这类设备只能选择 ABB、西门子等公司的产品，将面临“卡脖子”的风险。

（2）研究内容和目标。

基于线路开关设备的研发经验，通过多物理场的仿真技术、动力学仿真技术和试验技术的结合，深入探索电弧耗散机理，建立运动、压力、温度、电击穿的模型，实现新型灭弧技术突破。并利用技术成果研究实现开断 80kA、直流分量衰减时间常数达到 120ms 超高压大容量开关灭弧室的研究目标。

围绕电力需求，近期目标着重突破满足 363kV、63kA 的 120ms 直流分量衰减时间常数的断路器设备，远期目标研制 550kV、额定短路电流达到 80～100kA 的超高压大容量断路器设备，打破国外公司的垄断，满足电网发展需求。

7. 大容量发电机保护断路器研制

（1）技术现状及存在的问题。

目前国内用于 800MW 以下发电机组的发电机保护断路器达到世界先进水平，已成功研发了开断电流分别为 100、130、160kA 三种规格的发电机保护断路器，成果应用于多个水电和火电工程。对于用于 800MW 以上发电机组的发电机断路器，已经开展了大量的研究，但其短路电流的开断问题一直未能解决，成为制约更大容量发电机保护断路器研发成功的关键，造成我国在 800MW 以上机组中只能选用国外公司的产品，具有被“卡脖子”的风险。

（2）研究内容及目标。

基于 160kA 级发电机保护断路器成套装置的研发经验，通过多场耦合仿真（电磁场、气流场、结构场）和试验结合的方式，着重探索更大短路电流下电弧能量高效利用和耗散机制、电流零区特性与弧后击穿特性评估，大电流下长期载流的散热技术，大功率高可靠性操作机构设计等，以及基于上述成果的断路器实施方案设计。

围绕华龙一号、AP1000 和 CAP1400 等百万千瓦级的核电机组，研发满足其工程需求的大容量发电机保护断路器及其成套装置，解决该领域被国外公司“卡脖子”的问题。发电机保护断路器额定电压 30kV，额定短路开断电流 210/250kA，额定电流 36 000/57 000A。

8. 特高压交直流套管可靠性评价技术研究

（1）技术现状及存在的问题。

在我国特高压交直流输电工程中，国外套管企业基本处于垄断的状态，特别是国家电网公司已建设完成的特高压交直流输电工程和所有高压直流输电工程的换流变压器套管和直流穿墙套管被国外少数制造商垄断，换流站套管国产化率很低，仅为 3.43%。目前国内套管行业经过技术引进、消化吸收、再创新的发展，在技术路线上已经形成一定的产品能力，但这些套管存在材料、设计、工艺、试验等方面原创性技术薄弱问题；特高压交直流套管在实际运行过程中长期经受基波及谐波电压、电流、热及机械应力的综合作用，受试验条件限制，目前 IEC 标准和国家标准均只开展单一因素影响试验，而型式试验或出厂试验的合格率并不能代表其具有长期运行可靠性；以上种种因素导致特高压交直流套管产品存在着原材料进口依赖、漏油爆炸、漏气进水、瓷套开裂和维护量大等缺陷，也出现了不少套管爆炸的恶劣事故。

（2）研究内容及目标。

研究确定特高压交直流套管故障机理、影响因素及特征参量；结合大数据技术，对运行中高端交直流套管出现的故障进行分析，结合缩比套管综合性能试验与全工况考核试验，研究引发交直流套管故障的关键因素及运行状态关键特征量；研究完善交直流套管运行状态关键参量离线检测及在线监测分析方法；研究交直流套管运行状态智能评估方法，建立特高压套管可靠性评价暨专家诊断系统。

2023 年，完成特高压交流套管故障机理分析研究；2025 年，建成特高压套管可靠性评价暨专家诊断系统并开展示范应用。

9. ±660kV 柔性直流海缆技术前期研究

（1）技术现状及存在的问题。

国内柔性直流海缆近年来发展较快，研制了±535kV 柔性直流海缆，并通过了试验验证。另外，受制于国外的柔性直流电缆绝缘料，其最高工作温度仅为 70℃。目前，我国直流输电电压一般高于±500kV，输电线路一般利用架空线，但架空线受到地理环境限制，未来的能源互联网、远海风电进网、海岛供电等需要更高电压等级的柔性直流海缆。同时，随着未来输电容量的增加，对高载流量、大容量的柔性直流海缆需求迫切。

（2）研究内容及目标。

基于掌握的柔性直流海缆绝缘料技术,通过与国外公司合作,开发工作温度90℃的±660kV 柔性直流海缆绝缘材料；利用此绝缘料，研究模型电缆结构及试制工艺技术，完成不同绝缘厚度模型电缆试制；研究模型电缆击穿试验技术，完成工作温度下的模型电缆本体击穿试验研究；基于绝缘材料性能及模型电缆击穿试验数据，研究±660kV 柔性直流海缆结构尺寸。

高载流量±660kV 柔性直流海缆技术是未来特高压柔性直流海缆技术的重要支撑。通过与国外先进电缆绝缘料、国内先进海缆制造企业合作攻关，能够研发±660kV 柔性直流海缆绝缘料，掌握模型电缆击穿试验技术及±660kV 柔性直流海缆绝缘设计关键数据，解决该领域关键性的基础问题。对于能源互联网发展具有重要而现实的意义。

10. SF_6替代气体及其开关设备的研究

（1）技术现状及存在的问题。

目前，已经筛选出具有实用价值的环保型气体，如全氟酮（$C_5F_{10}O$，$C_6F_{12}O$）、全氟异丁腈（C_4F_7N）、八氟环丁烷（$c-C_4F_8$）、三氟碘甲烷（CF_3I）等。此类型气体多为氟碳化合物，液化温度高，一般需与缓冲气体（CO_2、N_2）配合使用；环保型气体已在隔离开关和接地开关中已经开展应用；环保型气体分解物的检测技术是气体开关设备运维、检测的核心工作。环保型气体放电分解机理、气体检测与循环再利用已经开展攻关研究，取得了阶段性成果。

现有环保型气体在电弧和高温作用下易发生分解而产生积炭，降低气体绝缘与熄弧性能；同时该类型气体自恢复能力与熄弧性能普遍较差，无法用于更高电压等级的开关设备。环保型气体的宏微观参数计算、熄弧性能分析、电弧试验测试技术等仍处于起步阶段，气体熄弧机理与电弧试验技术尚不明确，制约环保型气体开关的研发进程。环保型气体在放电与电弧作用下易发生分解，产生多种氟碳分解物。环保型气体放电强度、放电时间、电弧电流、燃弧时间等因素对分解物的影响及检测技术需要深入研究。

（2）研究内容及目标。

重点突破环保型气体分子设计与筛选的新方法，发现绝缘强度、熄弧性能、液化温度与 SF_6 相当，甚至优于 SF_6 的新型环保型气体分子。重点研究环保型气体高温下分解、弛豫、输运等微观碰撞模型，探明电弧等离子体非平衡态向平衡态过渡的弛豫时间及压强和温度边界条件，获取不同负载条件下环保型气体电弧等离子体的焓、熵、电导率、热导率等物性参量。研究环保型气体放电条件下的分解物与放电强度等因素的对应关系，获取影响分解物成分与含量的因素；利用先进光声光谱与气相色谱检测技术开展分解产物特征组分及其含量发展趋势研究。

获取环保型气体分子设计与筛选的新方法能够预测或评价任意气体特性。实现优化搜索筛选出能够同时满足绝缘强度高、熄弧能力强、液化温度低、全球变暖潜能值（GWP）低的指标要求环保型气体分子结构。获取流速、气体压力对于环保型气体介质恢复特性的影响。得到环保型气体开关介质强度恢复特性和弧后重击穿判据。提出环保型气体分解产物与故障关系的数据建模方法，构造基于分解产物特征参量的绝缘件缺陷类型识别策略，实现环保型气体开关设备缺陷类型诊断。

11. 高电压等级真空断路器研制

（1）技术现状及存在的问题。

现阶段，高电压等级真空断路器技术在我国得到了长足的发展，与日本、德国同处此技术领域第一集团。目前国内多家公司已经成功开发了126kV单断口真空灭弧室及其真空断路器，并已挂网运行。2018年，“输电等级单断口真空断路器关键技术及应用”项目获国家技术发明奖二等奖。当前存在的主要问题是产品的电压等级亟待进一步提高，包括提升电压等级至252kV（单断口）、363kV和550kV（多断口）等。另外亟待开发电压等级至550kV的快速真空断路器。快速真空断路器可以将分闸时间由 SF_6 断路器的几十毫秒减少到5ms以内，有望显著提高输电系统暂态稳定性和系统的输送容量。

（2）研究内容和目标。

重点突破基于真空灭弧室绝缘耐压特性研究、大电流真空开断技术研究、真空断路器额定电流和温升研究、真空断路器操作特性研究等关键技术研究，开发具有环境友好的、高可靠性、具有更高参数的高电压等级真空断路器及其组合电器。重点从基础物理过程和材料方面的研究着手，应用先进的研究和设计方法，形成 126kV 和 252kV 单断口真空灭弧室及更高电压等级真空断路器的设计和试验方法，形成开发、试验、应用等全方位关键技术的掌握。

力争在 2025 年，实现高参数 126、252kV 单断口真空断路器及更高电压等级真空断路器的开发，实现大范围的高电压等级真空断路器的挂网运行。

12. 支撑研究与发展的政策机制与研究策略建议

首台套示范应用不畅成为装备制造业创新发展的瓶颈制约，建议以首台套示范应用为突破口，推动重大技术装备水平整体提升：

（1）进一步完善有利于首台套示范应用的政策体系，明确招投标等相关法律法规要求，建立宽容新型创新技术容败、容错机制，建立有利于首台套示范应用的保障机制，营造鼓励创新、允许试错、宽容失败的氛围。

（2）提高重大技术装备研发计划的前瞻性和针对性，强化多学科融合、基础性研究的支撑，补齐检验检测和公共服务短板，提升首台套产品供给能力和市场认可度。

八、重大技术方向八：共性、基础性、前瞻性技术

共性、基础性、前瞻性技术主要包括支撑电力工业发展的基础性材料和电力电子器件、新型储能技术、新型电力传感器、电力工控芯片、网络安全技术、电力气象技术等。本部分将分别就以上几个方向阐述其内涵和所涉及的关键技术、该方向对于我国能源电力发展的重要作用和发展趋势，并分析该方向当前存在的问题以及"十四五"研究内容与目标，最后提出有关支撑发展的政策性建议和研究策略。

1. 发展现状及问题概述

近年来，我国通过不断加强自主创新和消化吸收再创新的战略部署和实施，在支撑电力工业发展的共性、基础性、前瞻技术方面取得了长足的发展，但也存在一定的差距和不足。

先进电工材料及其制备技术方面：近年来，我国在高性能铜和铝导体、高温耐磨耐烧特导电材料、超导材料、磁性材料、绝缘材料、压敏材料等的制备方面，形

成了自身的材料研究和产业体系，基本上满足了国内制造业发展的需求。特别是在新型纳米高导电铜、高温超导材料、新型智能绝缘材料、新型压敏材料等方面，形成了创新特色，部分研究工作处于国际性领先水平。但在一些高端绝缘材料、磁性材料和电接触材料的工业化生产方面，仍存在一定的差距。

半导体材料及新型电力电子器件技术方面：当前，在高压大功率硅基电力电子器件，如可控硅和 IGBT 器件等方面，我国功率半导体产业规模初步形成，高压器件的设计及制造技术已取得重要突破，在器件的设计、制造、封装和测试方面获得重大进展，国产器件的基本电气参数已达到国际先进企业同等产品的水平。但在工艺稳定性和综合性能方面与国外先进水平仍存在差距，特别是 IGBT 器件方面，国外产品仍然占据了我国 90%以上的市场份额，高压器件领域的“卡脖子”仍然严重。在碳化硅器件方面，已经获得了平面栅结构的千伏级 MOSFET 国产器件，与国际先进水平还存在较大的差距。

新型储能技术方面：近年来，我国在锂离子电池、钒基液流电池、压缩空气储能、飞轮储能、超导储能等方面取得长足的发展，有力地支撑了电动汽车产业和分布式能源等的发展。在储能应用技术方面，张北风光储输示范工程的建设，对于可再生能源规模发展具有重要的示范意义。在可再生能源制氢和制备清洁燃料（如甲醇）方面，也建设了示范工程，为可再生能源规模消纳和电力储存提供了一条新的思路。

电力工控芯片关键技术方面：目前，在控制与计算处理芯片方面，国内成功开发主控芯片、计量芯片等产品，为后续工程应用奠定基础，但是高端主控芯片、FPGA芯片、处理器与操作系统等芯片“卡脖子”技术仍受制于人。在电力通信芯片方面，国内近距离无线通信芯片技术处于国际先进水平，中、远距离无线通信芯片技术还具有较大提升空间。在安全存储芯片领域，国内在安全芯片工业化定制、可靠性把控、安全传感器设计等方面与国际顶尖企业还存在明显差距。在电力传感芯片方面，国内实现了温度传感芯片、磁传感芯片等电力常用芯片自主化替代并规模应用，但是电学、光学、六氟化硫气体等高端传感芯片仍需进口。在芯片可靠性技术方面，国内电力系统还未建立完整的工业级芯片质量控制体系，在各类芯片的可靠性标准、设计方法、防护优化技术方面均与国外有较大差距。

在网络安全技术方面：传统的安全防护“安全分区、网络专用、横向隔离、纵向认证”方针，在能源互联网日益发展的需求背景下，亟需在现有网络安全防护体系基础之上进一步打破内外网边界壁垒，实现从封闭性静态防御的传统网络安全防护体系向面向业务、动态融通、智能内生的网络安全防护体系转变，网络安全技术面临新的挑战。

新型低能耗高精度电力传感器方面：基于各种新型功能材料、新敏感机理和传感方法的微型化、低功耗、高精度传感器是电力传感器的重要发展方向。近年来，我国在磁阻传感器、光纤传感器、压力传感器、加速度传感器、声学传感器、微型电场传感器、变压器局部放电传感器等方面开展了大量的研究，部分电力传感器已经具备实用化条件。但国内传感器产品种类不完整、高端传感器"卡脖子"现状明显，传感器的高可靠性、长寿命、环境适应性、就地供能等方面仍然达不到电力复杂工况条件下的应用要求。

电力气象技术方面：电力气象技术主要包括用于可再生能源功率预测预报的超短时、短时、长时等局地和大范围的电力气象预报技术，用于发电计划、电力调度和应急响应的电力气象技术等。近年来，结合可再生能源发展的需求，我国已经建成了地区级可再生能源预测预报的电力气象系统，基本支撑了可再生能源发展的需要，但仍存在对资源的监测能力不足、数据融合深度不够、资源预报和功率预测误差偏大等问题，亟待进一步的发展。

2. 先进电工材料及其制备技术

先进电工材料主要包括新型导电材料（包括超导材料及应用）、磁性材料、绝缘材料和电介质材料、压敏材料，是电力设备制造和保障电网安全运行的基础性材料。

（1）导电材料。

1）技术现状及存在的问题。

导电材料是现代电力技术最重要的物质基础，是实现电力输送和电—磁—光—热等能量之间转换的基础性材料。发展高性能导电材料不仅是实施高效电力节能的重要技术手段，还有助于研发出具有更高性能的电力装备。该方向涉及的关键技术包括传统铜、铝导电材料的新型制备技术，新型纳米金属导电材料的设计和制备技术，高强度、耐烧蚀电接触材料制备技术，超导线材的低成本制备技术及超导电力应用技术。

铜和铝是电力行业中应用最广、使用量最大的基础关键材料。通过材料的设计开发、制造流程与工艺过程优化和材料制备装备的智能化等方面的重点突破，实现传统导体产品的高性能和绿色高效制备是其未来发展的方向。而新型纳米导电金属材料则是金属材料和电工导电材料技术的前沿领域，通过纳米技术制备具有高强、高导电性能的导体对于解决传统导电金属材料瓶颈问题具有重要意义。

随着特高压电网的全面商业化运行，高压及特高压触头材料面临长寿命、耐烧蚀和高可靠性的挑战。以往在大电流低频次开合服役环境下的研究有限，因此需要寻找新的途径提高铜钨合金高温耐磨、耐烧特性，进而延长其电寿命。超导材料具有零电阻高密度载流能力，采用超导材料的超导电力装备可以极大地提高电网的输送能力、降低电网损耗、改善电能质量、增强电力系统的稳定性和可靠性。目前，亟需实现高温超导线材高性能低成本制备技术的突破，开展基于高温超导材料的新型超导电力装备的研发，促进高温超导电力装备的现实应用。

2）研究内容及目标。

面向“十四五”，在导电材料方面，重点围绕几方面开展工作：一是高性能铜和铝导体超纯或精确成分调控的微合金化、高精、极细（薄）、超长制备技术；新型高性能铜、铝合金节能输电导线及其制备技术；研发高效、低成本的短流程绿色制备技术及其关键装备。二是发展轻量化导线技术，开发轻质、大载流铜/碳纳米管复合导线；发展制备效率高、电学和力学性能稳定、具备制备大尺寸纳米孪晶铜材料的电解沉积方法。三是从原材料品质、短流程低成本制造技术及失效控制与延寿技术方面进行突破，实现特高压、大容量、长寿命触头材料的自主研发与产业化。四是发展高性能低成本高温超导线带材制备方法及探索超导电力应用的新原理和新技术，探索超导电力装备的多功能集成方法和关键技术，促进超导电力装备的示范和应用发展。

2025 年，完全实现高性能导电材料的国产化，高性能铜/纳米复合导线、纳米孪晶铜材料、高温超导材料的综合性能达到国际领先水平。同时，在应用探索方面，实现新型原理的高温超导电力装置的工程示范。

（2）磁性材料。

1）技术现状及存在的问题。

磁性材料主要作为电力装备的铁心材料，其应用逐渐呈现多工况、高频率、高磁感、低损耗等趋势。磁性材料的磁特性主要包括磁滞特性、损耗特性及对频率、温度、应力等外在条件的响应，在装备运行中这些特性都是影响铁心部件的关键因素。磁性材料在磁化过程中呈现磁滞、强非线性、各向异性等特性，受材料晶粒结构和磁畴结构的影响，磁化过程通常又具有不均匀性。因此，关键技术主要涵盖：磁特性微观、介观与宏观的多尺度测量技术的融合，借助智能传感技术实现服役工况磁特性检测的新方法，依靠学科交叉实现精确的特性参数提取、表征与建模，建立表征材料全生命周期的磁特性先验模型以及材料性能预测后验模型，为电磁计算软件提供可封装的材料特性数据和模型。

在电力装备中广泛应用的磁性材料呈现“高频率、高磁密、低损耗”和“轻质、微型化、多功能”两种发展模式并存的格局，这要求装备的功率密度和运行稳定性同步提升。超薄硅钢和非晶、纳米晶磁性材料正逐渐主导大功率中高频电力装备的高功率密度和轻量化设计，如制约大功率中高频变压器研发的关键因素，在于中高频（1k～100kHz）软磁材料在复杂磁特性模拟不准确造成的多源损耗及引起的发热问题。磁性材料的磁致伸缩效应是造成电力装备振动噪声的重要原因，深入研究磁性材料磁致伸缩效应、促进磁材料性能提升和研发新型低磁致伸缩材料是降低装备振动噪声的根本途径之一。

同时，从磁性材料磁特性测试的角度来看，国家标准测量方法与本征磁特性参数集合已经不再适用于现代电工装备精细化模拟与轻量化设计的需求；磁性材料在复杂工况下的磁特性模型和具有材料模型封装的电磁场求解方法及软件的缺失，制约了能源电力装备全真模拟计算及优化设计；新型磁性材料磁化机理、多源损耗产生机理及电磁应力产生机理的不明确造成能源电力装备局部过热、振动噪声及运行可靠性不高的关键技术问题。

2）研究内容及目标。

“十四五”期间主要研究重点和目标包括：针对磁性材料的磁特性开发新型传感技术和测量新方法，进一步解决多维磁特性测量技术中的关键问题；实现多尺度、多参量、多工况、宽频带的磁测量技术开发与新装置构建。探明高频非正弦、谐波、直流偏磁等服役工况条件下，磁、力、热等多物理参数的互相影响机制，从微观、介观与宏观等多尺度空间揭示材料磁化机理，建立精细化材料磁特性模型；与信息、人工智能等学科领域深度融合，实现材料磁特性测量数据的数字化、智能化和可视化。

2025年，大幅提升稀土永磁材料的综合性能，尤其是极端环境下的电磁性能可靠性模拟和优化设计，为新电力装备（风力发电机、水轮发电机、电动汽车驱动电机等）可靠和稳定运行提供重要的支撑。

（3）绝缘材料和电介质材料。

1）技术现状及存在的问题。

绝缘材料和电介质材料作为电工电子装备制造的基础材料，对电力、轨道交通、新能源、微电子、航空航天、国防军工等领域的电工电子装备的革新换代具有基础性、支撑性、先导性的作用，它决定着电力行业与电子行业的技术水平。现阶段，我国绝缘材料和电介质材料已经严重制约了相关领域的发展。深入研究绝缘材料和电介质材料在复杂环境下的宏观、介观、微观劣化和破坏规律，研制开发高性能绝缘材料和电介质材料，是发展我国电力和电子产业的关键技术。

电气设备的大容量、高电压、高功率密度化和小型轻量化发展与微电子和集成电路的高速度、高集成度发展，对绝缘材料和电介质材料苛刻条件下的性能和可靠性提出了更高要求。为了满足能源电力领域的要求，设备制造方面，需要关注高击穿场强、高非线性、高导热、高储能密度、耐电晕电痕化、耐高低温、耐辐照和耐候绝缘材料的研发与应用；电力信息收集传感方面，需要关注高性能压电、铁电、热释电等电介质材料。

需要指出的是，我国特高压输电装备的发展十分迅速，而国内特高压及柔性直流输电工程用干式（金属化镀膜）电容器、电工薄膜材料及电工聚丙烯树脂全部被欧洲、美国、日本垄断，亟需解决聚丙烯原料、薄膜及干式直流电容器的“卡脖子”问题。为满足国内需求，电工聚丙烯树脂将向超净、低灰分发展，干式电容器薄膜材料将向一致稳定、高击穿、耐高温、高储能密度薄膜发展，干式直流电容器将向耐高压、大容量、小型化发展。

当前，聚丙烯树脂原料性能指标差距较大，灰分、等规度等不能满足电工级薄膜要求；国产电工薄膜批量化制备均匀性及稳定性不足，影响电容器产品的性能稳定性；国产直流电容器存在批量工艺稳定性及长期可靠性问题。

2）研究内容及目标。

在“十四五”期间，围绕绝缘材料和电介质材料，应重点关注绝缘材料和电介质材料的仿真与设计、制备与工艺、测试与表征以及绝缘结构设计与制造等方面的发展。研究内容主要包括：一是先进绝缘材料，包括高性能聚乙烯电缆绝缘材料、聚丙烯储能绝缘材料、环氧绝缘材料、油纸绝缘材料、硅橡胶绝缘材料、陶瓷绝缘材料、纳米复合绝缘材料、极端环境绝缘材料等的研究和开发等。二是先进电介质材料，包括先进电力设备传感材料、高性能储能介质材料、高介电常数材料、高性能压电铁电材料、电工级聚丙烯树脂批量化制备、电工薄膜双向拉伸批量化制备、干式直流电容器制造及可靠性测试评价技术开展研发。

2025 年，实现新一代高端电力电缆、电力电容器、变压器、避雷器、电力电子装备与器件等关键电气装备核心部件绝缘可靠性的显著提升，并实现相关高性能绝缘材料和电介质材料的国产化。

（4）压敏材料。

1）技术现状及存在的问题。

以氧化锌压敏电阻为核心器件的避雷器是电力系统过电压限制的关键设备，其保护性能直接决定所有电力一次设备的绝缘水平要求和制造成本，同时压敏材料也是电子、微电子系统的核心保护器件。

当前，电力系统向高等级、大容量快速发展，电力电子设备普及，电气及电子设备向微小化、紧凑型发展。为此，需要开发兼具梯度高、残压低、均匀性好、通流高、老化性能稳定的压敏电阻，以获得综合性能优良、运行稳定可靠的避雷器，实现降低电网建设成本、提高电力系统安全稳定性。

为了获得高性能压敏电阻，需要解决以下关键问题：一是通流容量已达到极限，但距离理论极限值仍有较大差距，掣肘避雷器向小尺寸、紧凑型发展，因可以进一步提升其综合性能。二是梯度提高使其在耐受能量冲击时出现侧面闪络、击穿故障增多，因而需提出侧面绝缘新技术。三是多批次压敏电阻均匀性较差，增大筛选难度，导致大型吸能装置采用压敏电阻多柱并联时均流十分困难，亟待解决压敏电阻性能均匀性问题。

2）研究内容及目标。

2025 年，开发低介电常数压敏电阻，实现大通流的压敏电阻用于信号线的保护；开发高介电常数压敏电阻，实现对高等级避雷器结构的简化和电位分布的优化。研究铋系压敏电阻以外的配方体系，探索新的高性能配方体系。

（5）其他电工材料。

除上述主要电工材料外，一些电工用防火防护材料及新型电磁功能材料也越来越引起了业界的关注。防火材料是防护材料体系中的重要组成部分，其核心目标在于保障特定火灾场景下装备及构造的完整性（防火）及隔热性（绝热）需求，延长耐火极限、争取救援时间、降低火灾损失。提升电力火灾的防护能力，是保障变电站、换流站、储能站、海上风电平台、输电线路安全运行的重要支撑手段。为实现高裕度设防，新一代防火材料及构造向着高裕度、轻质化、功能化、定制化、便捷化、标准化及良好经济性方向发展。当前，在运站应用的围护、封堵、分隔材料及结构设防标准低、材料综合性能差，在碳氢及高聚物火灾设防条件下的防火性能、隔热性能、机械强度、拆装便捷性等多方面存在短板；而高耐火极限弹性封堵材料等关键材料为国外企业垄断。亟需加速硅铝杂化介孔防火材料、纳米二氧化硅、纳米孔防火堵料等新型防火材料攻关，以及有机弹性封堵材料等关键防火材料的国产化替代。

随着电力物联网的发展，迫切需要发展一系列低功耗、高精度的电力传感器，并实现这些传感器的就地供能，而新型电磁功能材料及器件的制备和发展为此提供了可能。基于新型电磁功能材料的微传感器件和微能源系统可以广泛应用于电力系统的电压、电流、功率、相位、输电线和塔架等机械和热力学参数的检测，以及用于交流变频调速器、逆变器、整流器、信号检测、故障定位检测等，还可以用于变压器、断路器的故障预警、状态检测和寿命评估。开展新型电磁材料的研究，特别是材料和相关器件的制备工艺研究是电磁功能材料发展的趋势，“十四五”期间应该予以关注并开展布局，力求取得突破。

3. 半导体材料及新型电力电子器件技术

半导体材料及新型电力电子器件技术方向主要包括各种先进的半导体材料如硅基半导体、碳化硅、氮化镓等半导体材料及其制备，大功率电力电子器件如大功率电力二极管、晶闸管、IGBT 等可关断器件的制备等。

（1）技术现状及存在的问题。

电力电子器件又称为功率半导体器件，是电力电子系统进行电能控制和转换的基本电子元器件。基于电力电子器件的功率变换器的应用标志着现代电力电子技术的诞生。电力电子器件按照开关控制方式可分为三类：第一类是不控型器件，主要为不同类型的功率二极管；第二类为半控型器件，主要为晶闸管以及派生器件；第三类为全控型器件，主要为 IGCT、GTO、GTR、MOSFET、IGBT 等。自电力电子器件诞生至今，基于硅材料的功率半导体器件一直是发展的主流。进入 21 世纪以来，随着碳化硅、氮化镓等宽禁带材料制备技术的进步，基于这些新材料的电力电子器件产品不断推出，并在低压领域得到推广应用。

电力电子器件涉及的专业门类较多。在半导体材料方面，主要有硅、碳化硅、氮化镓等材料的制备；在芯片设计方面，主要有电气及工艺仿真、元胞结构设计及版图绘制等；在芯片工艺方面，主要有光刻、蚀刻、成膜、减薄等系列工艺；在器件封装方面，主要有器件结构设计、封装材料选型及工艺等；在测试方面，主要有电气及可靠性测试、寿命预测等；在集成应用方面，主要有驱动及保护电路、串并联应用等。

随着社会经济和能源电力的迅速发展，以及对于现代电力系统安全、稳定、高效、灵活运行控制要求的日益提高，电网正在向以电力电子技术应用为代表的坚强智能电网方向发展。一代电力电子器件决定一代电力电子技术，因此电力电子器件在我国能源电力发展中具有基础性的关键作用。大功率电力电子器件的发展方向是更高电压、更大电流、更高功率密度、更高可靠性。随着电力电子器件在能源电力的广泛应用，不同种类的电力电子器件也表现出不同的发展趋势。硅基 IGBT 器件主要趋势是提高电流密度、降低损耗、拓宽安全工作区。IGCT 器件是结合新场景应用需求进行定制化研制。新型宽禁带材料器件方面，碳化硅器件发展趋势是在中低压领域提升可靠性、降低成本，在高压领域提高 MOSFET 及 IGBT 等开关器件的技术成熟度；氮化镓器件发展方向是低压高速开关应用。

目前，我国功率半导体行业已经有了迅猛发展，其中 IGBT 市场占比已经跃居世界首位，但国外产品占据了超过 90%的份额，在技术含量较高的高压器件领域“卡脖子”仍然严重。随着新能源和能源互联的发展，海上风电、电动汽车等产业将会得到迅猛发展，中国 IGBT 产业在未来五年复合增长率有望超过 10%，以其为核心的装置产品产值规模超过千亿。

我国功率半导体产业规模初步形成，高压器件的设计及制造技术已取得重要突破，在器件的设计、制造、封装和测试方面获得重大进展，产品部分性能已经达到了国际先进水平。但是我国在电力电子器件研究与发展方面还存在以下主要问题：

1）碳化硅器件方面，在低压领域，国产 1200V MOSFET 仍采用平面栅结构，在电流密度、工艺稳定性、双面水冷封装、长期运行可靠性等方面存在不足。在中高压领域，国外企业推出 3300V 和 6500V MOSFET 器件正处于产品推广阶段，国内开发出同等电压等级的二极管和 MOSFET 芯片样片，在衬底材料缺陷率、高可靠平面栅结构设计、外延及深槽刻蚀工艺等方面还需要进一步深入研究。适用于超高压碳化硅器件的超级结构尚未开展研究。现有结温实时监测技术研究不足，限制了碳化硅器件容量的充分应用。氮化镓器件方面，外延材料品质较低限制了器件耐压的提升，提高了成本。

2）IGBT 国产器件的基本电气参数已达到国际领先公司产品水平，但在电流密度、可靠性等方面还存在一定差距。新型的逆导型 IGBT 器件尚未开始研制。结温实时监测技术研究不足，限制了 IGBT 器件容量的充分应用。

3）为适应新型直流电网应用需要，IGCT 需要在额定关断电流、额定电压、通态损耗、开关特性、驱动技术以及高温漏电流等方面进行折中优化设计。

（2）研究内容及目标。

“十四五”期间，主要研究内容和研究目标包括：

在宽禁带材料器件方面，重点开展碳化硅衬底材料制备、平面栅和沟槽栅 MOSFET 结构设计技术研究，开发栅极氧化、沟槽刻蚀、欧姆接触等系列关键工艺，开发双面水冷、低寄生参数等封装结构与工艺技术，搭建高速开关器件测试平台，建立碳化硅器件测试标准及评估体系。研究 MOSFET 和 IGBT 的超级结设计与制备工艺。开展碳化硅开关器件结温实时监测技术研究。开展氮化镓衬底材料制备与器件结构设计等技术研究。

在硅基 IGBT 器件方面，重点开展 IGBT 芯片电流密度提升、高压高可靠性终端结构设计及工艺、高参数一致性和稳定性芯片工艺控制方法研究；开展压接 IGBT 封装结构优化设计及烧结工艺技术研究；开展电力系统用 IGBT 器件的性能退化机理及等效加速评估方法研究；开展逆导型 IGBT 芯片设计与工艺研究；开展 IGBT 结温实时监测技术研究。

在 IGCT 器件方面，重点开展超大电流 IGCT 器件设计技术研究，开发 6 英寸 IGCT 器件工艺制备技术，研究逆阻型 IGCT 器件设计与性能折中优化设计技术，研究低杂散参数 IGCT 器件驱动设计与一体化集成技术，研制基于 IGCT 器件的直流电网装备、以及装备启动充电过程中的 IGCT 供能装置。

2025 年，着力实现 1200、1700V 碳化硅 MOSFET 和二极管器件实现产品化，技术参数达到国外领先公司产品水平，在光伏并网、电动汽车充电等领域实现推广应用。3300、6500V 碳化硅 MOSFET 器件通过型式试验，实现在电力系统工程示范应用。研制出 10kV 及以上碳化硅 IGBT 器件，实现应用验证。实现碳化硅开关器件结温实时监测，容量使用能力提高 15%，研制 600～1200V 氮化镓器件。优化硅基 IGBT 器件的芯片设计、工艺、封装、测试的全套关键技术，整体达到国际先进水平，实现电力工程用大功率 IGBT 器件自主可控。3300V/1500A 焊接型 IGBT 器件和 4500V/3000A 压接型 IGBT 器件实现工程推广应用。4500V 逆导型 IGBT 器件制备出样品。实现 IGBT 结温实时监测，容量使用能力提高 15%。着力掌握 6 英寸 IGCT 器件全套设计与制备技术，研制 4500V/5000A 以上 IGCT 器件，通过全部型式试验，实现在直流电网装备中的应用验证。

4. 能源互联网智能动态网络安全技术

能源互联网智能动态网络安全技术包括能源互联网动态防御技术、能源互联网态势感知与预测技术、能源互联网蜜罐技术、能源互联网网络安全威胁智能分析技术等。

（1）技术现状及存在的问题。

能源互联网网络安全防护体系依据电力监控系统安全防护“安全分区、网络专用、横向隔离、纵向认证”方针构建，重点关注边界防护，为保障能源互联网安全运行发挥了重要的保障作用。但现有的能源互联网网络安全防护体系存在，边界模糊且难以全面覆盖、难以满足大量信息的快速交互、内部网络安全威胁与供应链风险难以防护等问题，亟需在现有网络安全防护体系基础之上进一步打破内外网边界壁垒，实现从封闭性静态防御的传统网络安全防护体系向面向业务、动态融通、智能内生的网络安全防护体系转变。

目前，能源互联网智能动态网络安全技术研究还处于起步阶段，面临一系列问题。一是智能化动态防御设备及系统尚不成熟，核心部件依赖国外，无法实现全面国产化，导致安全不可控。二是能源互联网中海量设备产生的数据规模大、规范程度低、采集手段不足，使得数据的融合和决策面临难题，导致了对能源互联网中安全威胁的识别分析和管控不足。三是现有的蜜罐技术主要针对具有大规模影响范围的传统普遍化安全威胁，而对于具有目标性的高级持续性威胁，诱骗与监测能力不充分。四是网络安全威胁分析技术日趋成熟，但网络安全的检测主要集中在对流量数据或者网络报警日志数据分析上，数据源相对片面，使得攻击的特征数据缺乏，攻击检测准确性无法提高。

（2）研究内容及目标。

重点突破能源互联网动态防御技术、能源互联网态势感知与预测技术、能源互联网蜜罐技术、能源互联网网络安全威胁智能分析技术等关键技术。能源互联网动态防御技术方面，研究基于攻防博弈的最优防御策略生成技术，获得防御策略的动态最优；研究基于防御效果评估的攻防策略自适应变换技术，动态调整生成新型防护策略；研究适应源网荷互动的工控系统协同防御策略构建及优化学习技术。能源互联网态势感知与预测技术方面，对电力行业的元数据进行规范，基于大数据和机器学习研究安全态势提取技术；结合能源互联网如智能电网，进一步研究态势评价指标体系和态势值的计算；研究多业务场景下网络安全威胁感知和决策技术。能源互联网蜜罐技术方面，加强云计算技术在新型蜜罐技术研究中的应用，利用人工智能技术实现对海量、复杂的网络攻击检测数据的智能化分析，提高网络攻击行为的辨识精度和效率，降低系统运维难度；加强威胁识别与数据分析算法研究，提高攻击画像刻画能力，增强攻击诱骗和捕捉能力，提升高级持续性威胁识别应对能力；开展可定制、可扩展的蜜罐技术框架研究与开发，研究具有业务环境自适应能力的动态蜜罐技术，满足能源互联网等特定场景应用需求。能源互联网网络安全威胁智能分析技术方面，研究知识数据联合驱动的工控系统攻击识别技术；研究基于深度学习的代码漏洞挖掘技术；研究攻击载荷自动生成和漏洞自动化利用技术；研究基于关联特征分析的恶意代码溯源技术，研究基于智能威胁情报共享的攻击溯源技术。

2025年，实现基于软件定义边界的能源互联网零信任安全架构，构建能源互联网全场景可信安全防护体系；研制新一代电力系统智能动态防御系统原型，构建能源互联网中信息侧与物理侧防御资源协同的跨空间级联故障主动防御体系；建立能源互联网蜜罐技术理论支撑体系，研发适用于电力业务场景的蜜罐技术工具、网络部署架构和多场景应用方案；研制能源互联网网络安全威胁智能分析平台，通过与主流的网络漏洞检测软件进行结合，加强多种大数据资源的扫描，对存在威胁的用户访问、情报数据，做出精准化筛选与分析，自动调整智能算法模型的阈值、更新用户行为。

5. 新型储能技术

该方向主要包括新型电化学储能技术、新型机械式大规模电力储能技术、新型电磁储能技术、可再生能源制氢与制备清洁燃料、复合动态电池技术、大规模蓄热技术等。

（1）新型电化学储能。

1）技术现状及存在的问题。

新型电化学储能技术涵盖能显著提升储能单体能量密度、安全性和循环寿命的储能相关的新原理、新概念、新途径、新材料、新设计的前瞻基础科学和技术研究。所涉及关键技术包括固态金属锂电池、固态锂离子电池、固态钠离子电池、固态锂硫电池、新型液流电池、电池电容等新型电化学储能技术，也包括新型电化学储能材料和设备在制造生产、应用服役过程中的在线和离线、高精度、高速度的分析和检测方法，加速老化分析和寿命预测，无损和有损检测以及失效分析，安全性早期诊断、检测和事故分析等关键基础支撑技术。还包括储能材料、单体、模组和系统的热力学、动力学、结构、界面、反应的第一性原理计算、多尺度计算、模拟仿真、大数据分析和人工智能分析的基础科学研究及关键技术。

新型电化学储能技术将面向可再生能源大规模接入、智能电网、数据中心、分布式储能、家庭储能、工业节能等重要应用场景对先进储能技术的需求，重点突破关键技术和瓶颈技术，解决开发超长时间储能、中短时长储能、短时高频储能、百万千瓦时级储能系统集成技术中的关键储能材料、单体和系统的设计和优化问题，发展具有更高性价比的储能装备，同时满足应用提出的其他综合技术指标。新型电化学储能技术和装备的成功研制将显著提升我国储能科学和技术研究水平，提升产品核心竞争力，推动储能技术商业化并成为战略性新型产业，确保我国在不断发展的能源技术革命中处于领先和决定性优势地位，并打通任何"卡脖子"的环节，实现完整自主的技术体系。

2）研究内容及目标。

"十四五"期间，需要重点研究的问题包括：一是面向可再生能源大规模接入等应用场景，亟需开发能适应复杂工况下能量和功率动态随机变化的大规模长时间储能技术，需解决单一储能技术复杂工况下寿命、响应速率和效率受到限制的问题，以及能量型与功率型储能技术如何实现最佳混合匹配的问题。二是面向电网调峰等应用场景，储能时长在6小时以内的储能技术目前主要是采用液态电解质的锂离子储能电池技术，亟需解决由于使用易燃烧电解质导致电池在滥用条件下出现热失控、燃烧起火甚至爆炸的安全问题；当储能电站规模从目前的100MWh提升到百万千瓦时级，需解决大规模集成和多点多源协同控制问题，基于大容量高压电池和高电压直流拓扑构架下的海量电池管理、协调控制和智能安全运行的问题。

2025年，将研发满足从高频次分钟级到6小时以上全时间尺度覆盖的新型电化学储能技术，安全可靠、服役寿命大于20年、成本低于0.2元/kWh的百万千瓦时级大规模电化学储能新技术，为实现电网级的储能电站建设奠定基础。

（2）新型机械式电力储能。

1）技术现状及存在的问题。

新型机械式电力储能主要包括压缩空气储能、飞轮储能和基于惯性与势能的其他机械式电力储能技术。当前，压缩空气储能和飞轮储能发展较快，而其他机械式储能仍处于探索阶段但可能具有很大的发展潜力。

先进压缩空气储能系统利用电能、机械能和空气内能的相互转换实现储释电，具有规模大、成本低、寿命长、环境友好等优点，其关键技术包括宽负荷压缩机、高负荷透平膨胀机、高效蓄热（冷）换热器、系统全工况设计与协调控制技术。飞轮储能是快响应、高频次、高效率、长寿命、环境特性友好的大规模功率型物理储能技术，其关键技术包括高速飞轮转子轴承系统变速运转振动难题、大功率高速真空电机的产热和散热问题、大规模飞轮阵列协同控制技术。其他基于惯性和势能的机械式电力储能，如高速列车储能、重力势能储能等，主要基于直线电机或旋转电机实现电能—动能/势能—电能的转换，关键问题在于电机（既作为电动机也作为发电机）的设计和制造。

压缩空气储能在可再生能源大规模接入、电力系统调峰填谷、调频和备用等方面具有重要作用，目前正朝着大功率等级、低成本、高效率方向发展。目前，我国已完成了 10MW 级先进压缩空气储能系统的研发示范，但其功率等级、效率和成本仍不满足电力系统需求。飞轮储能主要用于数十兆瓦至百兆瓦短促、功率型储能电站（发电 300s 以内、300 次充放/天以上），用于承担高频次旋转惯性调用功能，支撑新能源电网电压和频率，强力保障电网的稳定运行；在数百千瓦至数兆瓦范围，也可以用于高品质不间断电源系统（UPS）的重要支撑。

2）研究内容及目标。

“十四五”期间，重点攻克 100MW 级先进压缩空气储能系统的宽负荷多级组合式压缩机、高负荷多级轴流透平膨胀机、高效紧凑式蓄热（冷）换热器、系统全工况设计和协调控制技术。针对我国飞轮储能单机功率、容量、阵列规模均不能满足高比例新能源电网电压和频率支撑频繁调控的储能技术瓶颈，研究单机功率 500kW、储能 100kWh、百台规模阵列技术。

2025 年，完成 100MW 级压缩空气储能系统装备研制及系统示范，实现产业化应用，100MW 系统比 10MW 系统效率提高 10 个百分点（70%）、成本降低 1/3。攻克大储能量飞轮、高功率电机、微损耗轴承和大规模阵列协同控制技术难题，千瓦功率成本小于 2000 元，额定功率条件下充放电能力达到 300 次/天以上。其他新型机械式电力储能技术，如基于高速列车的动能和电机驱动的重力势能储能，其核心问题在于电机的设计和制造，需要进一步对其进行原理示范和经济性论证，“十四五”期间应加强该方面的研究部署。

（3）新型电磁储能技术。

1）技术现状及存在的问题。

电磁储能技术主要包括超级电容器储能和超导储能。超级电容器储能系统的储能密度介于传统电池和传统电容器之间，其能量密度远高于传统电容器而远低于电池，响应速度快；超导储能是基于超导线圈的磁储能系统，能量密度低，但响应时间快、响应功率高且可在四象限内灵活控制。

由于电磁储能系统直接储存的是电磁能，在运行过程中不存在能量形式的转换，因而其能量效率高、响应速度快、响应功率高，对于改善电网暂态稳定性、平滑可再生能源功率输出等具有重要的价值，对于高比例可再生能源电网的建设具有重要的引用前景。

当前超级电容器储能已经广泛应用于电动汽车、轨道交通、风光发电储能、电力系统中电能质量调节和脉冲电源等领域，其发展趋势是降低超级电容器成本，并兼顾安全性、循环性、充放电速率、高温储存等进一步提高能量密度和功率密度。

超导储能已经在电能质量要求很高的用户得到实际应用，取得了良好的效果，在输配电网用于改善电压稳定性和抑制低频功率振荡方面的示范也取得预期的效果。

2）研究内容及目标。

“十四五”期间，主要研究内容为：超级电容器关键材料、构效关系与表界面性质、先进表征与分析方法、单体创新设计与模拟等；应用层面的关键技术主要包括超级电容器组内部的均压拓扑和控制策略、双向 DC/DC 变换器的拓扑与控制策略等。超导储能的主要关键技术包括高性能超导材料、超导线圈的热—机械稳定性、低温维持系统及可灵活调节的功率变换装置。

2025 年，在超级电容器方面，能量密度大于 50Wh/kg、功率密度大于 30Wh/kg、循环寿命大于 100 万次。在超导储能方面，通过在大型超导储能线圈方面的研发，实现 100MJ/100MW 级超导储能系统的研制及其在改善可再生能源并网特性方面的应用示范。

（4）可再生能源制氢与制备清洁燃料。

1）技术现状及存在的问题。

利用太阳能、风能、生物质能及水能等可再生能源电力制氢并加氢制备清洁燃料，是可再生能源高效利用的一条重要产业发展路线。特别在我国“贫油少气”的国情下，规模化发展新能源发电制氢技术及氢加二氧化碳制备清洁燃料技术，可以有效降低原油与液化天然气的进口需求量，对保障国家能源安全具有重要战略意义是电力科技发展的重大方向。我国可再生能源潜力巨大，利用可再生能源制备氢气和加二氧化碳制备清洁燃料的模式，对于实现我国碳排放目标意义重大。可再生能源发电由于其自身的不稳定性，需要火力发电匹配或配套储能装置，尽管如此，我国西部或西南地区可再生能源分布广泛但人口密度较低，可再生能源消纳有限，需要通过特高压输送至东部地区。由于氢能利用后产物只有水，已被全世界认为是未来清洁能源的主要形式，但事实上只有源头清洁的可再生能源制氢才是真正意义上的清洁能源，因此，利用可再生能源制备氢气是消纳我国可再生能源电力的重要形式。与此同时，由于氢气密度非常低，大规模从西部运输至东部比较困难，若结合二氧化碳加氢制清洁燃料（如甲醇等）技术，把可再生能源能量从氢气传递到液体燃料甲醇，不仅可应对可再生能源发电的不稳定性，还可以液体燃料的形式安全、便捷运输。

我国于 2016 年在巴黎协定上签字，承诺将于 2030 年左右使二氧化碳排放达到峰值并争取尽早实现，因此，二氧化碳减排是当下亟需解决的问题，利用可再生能源产氢，进而发展二氧化碳加氢合成绿色甲醇，不仅可实现二氧化碳减排，还可将可再生能源存储在易于运输的液体燃料甲醇中，是关系我国能源安全与绿色发展的可持续发展方向。本研究涉及大规模高效电解水制氢技术与高效高稳定性二氧化碳加氢制清洁燃料（如甲醇）技术两项关键技术。

可再生能源与氢能集成利用关键技术主要集中在波动性可再生能源和氢能安全集成、高效灵活调控、经济可靠运行等方面。应用场景主要有三部分：一是在发电侧，主要利用电制氢负荷消纳新能源富余电力，减少风光电源波动性，提升送出通道经济性；二是用电侧，机组就地制氢消纳，节约储运成本，同时通过配合分布式电源以及参与电网辅助服务，降低就地制氢的运行成本；三是氢储能，以氢能为支撑，实现跨季度储能或是独立系统的长续航运行。

发电制氢技术主要技术路线有三条：一是碱性电解液电解技术，目前国内装备技术已成熟，国内市场 99%以上为碱性电解装备，单机容量可到 2000Nm^3/h 以上（10MW 级），装备造价在大规模风光制氢项目中已具备经济性，但其缺点是参与风光电源调峰范围有限，系统电解效率约 60%；二是固体聚合物纯水电解技术（或称质子交换膜纯水电解技术），该技术是德国、日本等国的重要研发方向，其优势是装备的运行灵活性高，能够匹配风光电力快速波动与电网辅助服务调节需求，系统电解效率比碱性装备相比略高 1%～2%，系统紧凑、工艺流程可靠性高，但其缺点是单堆容量目前在百标方级，膜电极工艺需使用铂类贵金属单位造价高；三是固体氧化物高温电解技术，该技术运行在 600℃以上的高温环境中，其优势是电解效率高，可达 75%以上，系统工作在全气相环境下，可实现运行中可逆转换，可实现与二氧化碳合成气的共电解与共合成，但其缺点是核心器件的工艺尚不可靠，目前单堆制氢产能停留在标方级，系统工艺流程与配套辅机装备不成熟。综上所述，新能源发电制氢技术需要在成本、规模、灵活性、效率等技术指标上实现重大突破。

2）研究内容及目标。

“十四五”期间研究内容为：低成本、高效率的氢能核心部件技术，包括碱性电解水制氢装备的极宽范围灵活调峰技术，固体聚合物电解水制氢装备中低铂膜电极新型材料及多电池电堆均匀性与一致性，固体氧化物高温电解水制氢技术中的电芯与电堆动静态失效模型，可逆式的高效高温电解水工艺流程，基于太阳能热化学循环的制氢及多联产技术。光伏发电、风电等可再生能源与氢能集成利用技术，包括风电场、光伏电站大规模高效率发电制氢技术，大规模跨季节储氢技术，10MW 以上氢燃料电池与风电、光伏协同发电技术，分布式光伏安全制氢及与兆瓦级氢燃料电池热电联供技术，以氢能支撑的可再生能源微网技术，氢燃料电池汽车与配电网主动互动技术，规模化制氢集群负荷的联合调控与模块化最优管理技术。可再生能源与氢能集成利用系统及核心部件的安全性、可靠性测试技术，包括测试标准体系、关键测试装置、室内外测试平台。

到 2025 年，通过以上技术研究，实现电解水制氢、储氢、氢燃料电池技术实用化，突破集中式和分布式可再生能源与氢能高效率集成利用技术，初步建成面向全行业、国际互认的系统及部件测试技术体系，总体上形成国际先进的成套自主知识产权技术，电解水制氢单套规模达到 1500Nm^3/h，单位制氢能耗降低至 4.1kWh/Nm^3（H_2）。实现高效高稳定性二氧化碳加氢制甲醇技术，建立万吨级二氧化碳加氢制甲醇工业化示范装置，优化工艺参数，实现二氧化碳总转化率大于 85%，单程甲醇选择性大于 95%，产品甲醇纯度达到 99.5%，符合国标要求。

（5）复合动态电池技术及混合储能。

1）技术现状及存在的问题。

复合动态电池技术及混合储能，是指计及不同类型储能电池间差异化特征，通过大容量复合系统集成和协同控制，充分实现储能系统中各储能电池的动态出力互补及电能优化管理，以及实现不同储能系统在电网中的混合聚合，从而有效参与电力系统应用场景的多时间尺度、全过程的灵活性调节与支撑。其关键技术包括多类型储能电池复合系统集成、储能规划配置、储能系统的广域聚合与协同、应用评价。

新能源高比例化是我国电力能源清洁化转型的主要特征，着力提升电力系统灵活性，破解新能源消纳难题有效方式。2035 年，我国新能源装机容量将达到 13.5 亿 kW，对灵活性资源需求将达 5 亿 kW，传统调节资源面临枯竭，具备控制精准、响应迅速、配置灵活、四象限灵活调节功率以及运行成本低廉特征的储能将成为未来灵活性调节资源的主力。

目前，该方面存在的主要问题包括：一是单一类型的电池储能系统难以满足电力系统跨毫秒级、秒级、分钟级及数小时级等多时间尺度的功率平衡调节需求。二是单点布局的储能，难以满足大电网多目标多场景的广域调节需求。

2）研究内容及目标。

“十四五”期间，需要重点开展研究多场景、多模式、多目标下的储能布局规划与容量配置、复合电池大规模系统集成、分布式储能及集中式储能电站广域集群聚合及协同控制；研究储能电池预警、防护及消防，研究储能系统全寿命周期状态感知、精益评估。

2025年，掌握多场景下储能容量配置及规划优化方法，建立规划仿真平台；攻克复合储能系统集成、安全健康管控、在线评估与智能运维等技术，建立储能数据中心，建立全尺寸储能系统安全试验平台及适应性检测平台；突破百万千瓦级储能广域储能聚合技术，开展规模化储能参与新能源消纳与电网安全运行示范，实现光+储能联合可调度发电成本低于火电标杆电价。

（6）大规模储热技术。

1）技术现状及存在的问题。

大规模储热的量级在100万kWh以上，关键技术包括高导热高相变焓、储热材料设计及制备净化技术、腐蚀调控与缓蚀抑制技术、仿真实环境的本征特性先进测试分析等、高于700℃高温液态显热储热材料、大容量高温液态储罐技术，高性能充放热换热器技术；长周期储热的绝热技术和超大容量储热系统的工程化技术；高温（800～1200℃）高能量密度（400～800kJ/kg）的热化学储热材料复合配方。

储热可分为显热、潜热和化学储热。大规模储热一般用于热力发电机组调峰和建筑区域采暖。储热可规模化用于太阳能热利用领域，包括跨季节供暖和跨昼夜连续稳定发电；可应用于热力发电厂或热电联产机组，在调峰电站的负荷变化时存储和释放热量，稳定机组运行、提高系统效率。高温储热主要存在储热材料的冷热循环寿命短，储热材料如新型熔盐的高温腐蚀性强，大型储热容器应力开裂等问题。

2）研究内容及目标。

“十四五”期间，着力开发温度高于700℃高安全性、高潜热高导热、大容量长寿命的先进储热材料；研究大容量跨季节储热的储热体热损高和顶盖承压问题。

2025年，提高容器、高温介质的可靠性，达到高温容器循环1万次、介质使用30年的目标，并开发700℃储热容器，将储热成本降低到0.2元/kWh的成套技术，针对太阳能大规模集中蓄热供暖，采用低热损长距离输送技术，实现相同条件下供暖半径增加到100km。

6. 电力工控芯片关键技术

（1）技术现状及存在的问题。

电力工控芯片又被称为“工业粮食”，是构成各种电力工业设备的核心部分，一旦供应链出现异常，会对电力的建设和运维产生直接影响，主要包含控制芯片（CPU、MCU、SOC）、可编程逻辑阵列芯片（FPGA）、数字信号处理器（DSP）、通信芯片、安全芯片、存储芯片（RAM、ROM）、传感芯片、模数转换芯片、电源芯片、隔离芯片、晶振芯片等。上述工控芯片按照功能进行划分，可分为控制与处理类芯片、电力通信芯片、安全存储芯片、电力传感芯片、电力模拟芯片五类，涉及的关键技术有电力控制与计算处理芯片技术、面向电力物联网的通信芯片技术、芯片安全与先进存储技术、电力传感芯片技术、电力模拟芯片技术、强电磁环境下芯片可靠性技术。

我国能源电力主要由发电、输电、变电、配电、用电等环节构成，每个环节都离不开电力工控芯片的使用。在发电领域，应用的芯片主要包括主控（MCU、CPU、DSP）、FPGA、存储、模数转换（ADC）、其他等芯片，主要应用于测量仪表、控制及信号器具、继电保护及安全自动装置等二次设备，实现对电厂一次设备进行监测、控制、调节和保护；在输电领域，应用的芯片主要包括人工智能、传感、通信等芯片，应用于输电线路监测传感及数据处理终端可监视输电线路等一次设备运行状态，应用于输电线路视频巡检，可实现异物、绝缘子等缺陷识别；在变电领域，应用的芯片主要包括主控、FPGA、通信、存储、ADC、安全、计量、其他等芯片，主要应用于继电保护及安全自动装置、自动化设备、通信设备等二次设备，支撑电网运行的保护、测控、通信等核心业务，变电站巡检机器人可实现站内设备渗漏油缺陷、金属锈蚀等缺陷识别，安全布控球可实现人员检测、安全帽检测等安全监控；在配电领域，应用的芯片主要包含嵌入式 CPU、传感、通信、安全、射频识别等芯片，主要应用于配电变压器监测计量终端等，实现电能计量、测量、控制、数传等功能，实现配电设备的实时监控、故障检测和定位等功能，客服机器人实现智能问答、智能客服等服务；在用电领域，应用的芯片主要包含嵌入式 CPU、隔离、通信、电源等芯片，主要应用于智能电能表等，实现电能量计量、实时监测、信息交互等功能。

随着电力物联网、人工智能、边缘计算等新技术的快速发展，电网智能化程度越来越高，对控制与计算处理芯片提出了新的需求，控制与计算处理芯片朝着集成度、安全稳定运行、实时处理能力、专用计算能力等更强的特征指标方向发展；随着接入终端日益增长，应用场景日益复杂，覆盖范围日益广泛，对电力通信芯片的通信质量、稳定性及抗干扰能力提出了严峻挑战，电力通信芯片朝着轻量化、时间敏感、安全可靠、无线授时、边缘计算等方向发展；随着电力物联网建设的推进，设备数量剧增，海量数据汇聚，对加解密速度、轻量化算法设计、安全防护能力、存储可靠性和速度等提出更高要求，安全存储芯片朝着安全、低功耗、高性能、高可靠、存储容量大和速度快的方向发展；为提升传感器的测量分辨能力，驱动电力系统智能化升级，电力传感芯片朝着高安全、高可靠、高精度的方向发展；随着电力物联网的发展、设备运行环境日益复杂，智能化水平不断提高，对隔离技术、电源管理技术、信号放大器技术、数据转换技术、接口技术等模拟技术要求越来越高，电力模拟芯片朝着高集成度、低功耗、高精度等方向发展；随着芯片工艺升级，电路节点翻转所需的临界电荷减小，耐电磁辐射能力减弱，芯片内部材料易发生劣化、电特性漂移，电力工控芯片高可靠性需求迫切，电力工控芯片可靠性技术朝着标准化、强电磁环境适应性等方向发展。

目前，控制与计算处理芯片方面，国内成功开发主控芯片、计量芯片等产品，为后续工程应用奠定基础，但是高端主控芯片、FPGA 芯片、处理器与操作系统等芯片“卡脖子”技术仍受制于人，相关技术被美国德州仪器公司（TI）、荷兰恩智浦半导体公司（NXP）、英国 Acorn 有限公司（ARM）等跨国公司垄断，计算处理芯片核心关键技术仍需进一步技术攻关和持续研发。电力通信芯片方面，国内近距离无线通信芯片技术处于国际先进水平，中、远距离无线通信芯片技术还具有较大提升空间。安全存储芯片方面，国内在安全芯片工业化定制、可靠性把控、安全传感器设计等方面与国际顶尖企业还存在明显差距，亟需开展先进存储器相关器件、知识产权模块（IP）及芯片应用的关键技术与产品研发。电力传感芯片方面，国内实现了温度传感芯片、磁传感芯片等电力常用芯片自主化替代并规模应用，但是电学、光学、SF_6 气体等高端传感芯片仍需进口，技术长期被美国霍尼韦尔国际公司（Honeywell）、德国罗伯特·博世有限公司（Bosch）、意法半导体集团（ST）、TI、美国亚德诺半导体技术有限公司（ADI）等国外公司垄断。电力模拟芯片方面，国内在数据转换芯片、电源管理芯片方面初步具备开发能力，在高端隔离芯片、高性能电源管理芯片、高性能运算放大器、高速接口芯片等技术方面仍然与国外有较大差距，相关技术被 TI、ADI、美国美信半导体（MAXIM）等国外模拟集成电路公司垄断。芯片可靠性技术方面，国内电力系统还未建立完整的工业级芯片质量控制体系，在各类芯片的可靠性标准、设计方法、防护优化技术方面均与国外有较大差距。

（2）研究内容及目标。

“十四五”期间，需要开展嵌入式安全 CPU 内核、物理不可克隆函数、片上区块链隐私保护算法、基于微机电系统（micro-electro-mechanical systems，MEMS）电磁场传感、多参量微纳集成、微能量收集等芯片基础技术研究，开展高能效人工智能、高精度直流计量、多协议融合通信、5G 电力物联网通信、北斗三号高精度授时定位、亿次擦写寿命磁存储器等芯片前瞻技术研究，攻克多核异构计算处理、嵌入式操作系统、可扩展 FPGA 芯片、高精度模拟信号调理、高速模数转换、高电压隔离防护及高效率数字电源管理等芯片“卡脖子”技术，研制电力控制、通信、安全、存储、传感、模拟等系列芯片，建立电力芯片共性技术攻关及创新平台，打造完整的电力系统工业级芯片质量控制体系，形成“嵌入式处理器+操作系统+芯片应用”的生态，实现电力核心芯片和高端装备的安全自主可控和前沿技术引领。

2025 年，实现全面提升电力芯片研发和应用能力，突破电力高端芯片设计和产品化关键技术，大幅提高电力芯片的自主化率，形成从芯片到应用的全产业链生态，将电力芯片科研能力提升到国际先进水平，解决电力系统保护控制高端芯片长期依赖于进口的“卡脖子”问题，保障电力装备的自主可控和安全运行。

7. 新型低能耗高精度电力传感器

（1）技术现状及存在的问题。

传统的传感器存在体积大、能耗高、精度低等问题，难以满足未来电力系统对易组网、大批量、智能化传感器的应用需求。基于各种新型功能材料、新制备技术、新敏感机理和传感方法的微型化、低功耗、高精度传感器成为重要的发展方向，包括基于新型磁敏功能材料的新型电流传感器，分布式光纤传感器、自取能振动传感器等；还包括 MEMS 技术的微型电场传感器、非接触式电压传感器、变压器局部放电传感器、声纹传感器等。随着能源互联网战略部署的深入推进，新型低能耗高精度电力传感器以微型化、集成化、低功耗、高性能等特点在能源电力领域具有巨大的发展潜力，将为电网运行状态在线监测、电力故障诊断、预测性运维等提供新的技术手段，促进传统电力传感器的更新换代。

国内外对电力传感器的发展提出了小体积、低能耗、高精度、高可靠、长寿命、环境适应性强的要求，使得研制满足电力系统实用需求的新型传感器面临难度大、研究和实验周期长的局面，电力传感技术的发展速度难以满足电力物联网的广泛应用需求。随着特高压工程、交直流混合电网的不断建设，电力系统的电磁环境变得愈加复杂，对设备、系统、环境的信息感知需求更加迫切，需要感知的参数更多，对电力传感器的种类需求、性能要求也提出更高要求。因此推动能源互联网智能感知应用，满足传感器节点分布广、数量多的特点，要求传感器微型化、集成化、低功耗、高精度、高可靠、长寿命、低成本，电力传感器技术的发展面临新的挑战和机遇。

（2）研究内容及目标。

重点研究和突破电学参数检测、故障检测及预警、环境参数检测等新型低能耗高精度电力传感器，主要包括：

1）微型化低能耗高精度电学参数传感器，如交直流电场传感器、非接触式交直流电压传感器、高灵敏磁场传感器、宽频带交直流电流传感器、无源（无源化取能、在线取电）测温传感器等。

2）微型化低能耗高精度故障检测及预警传感器，如雷电监测及预警传感器、变压器铁芯接地电流传感器、套管绝缘介损传感器、开关与断路器机械故障传感器等。

3）微型化低能耗高精度环境参数传感器，如微气象传感装置、有害气体传感器、水位水浸传感器等。

研究和突破基于新型功能材料、新型敏感机理、新型敏感结构、新型制备技术、智能化技术的新一代电力传感器，主要包括：

1）基于新型功能材料的新型电子式传感器，如基于磁阻效应的高灵敏电流传感器、光纤与光学传感器、压电传感器、热电传感器等。

2）基于微纳制造技术的微型化低能耗高精度传感器，如 MEMS 交直流微型电场传感器、非接触式交直流电压传感器（非侵入电压测量、非接触式验电器）、绝缘缺陷检测传感器、振动传感器等。

3）集成化智能化微传感器系统，如结合信号与信息处理技术的电力设备故障诊断传感器系统。

2025 年，面向电力系统的急需应用，突破一批新型低能耗高精度电力传感器的核心关键技术，解决器件的设计、制备、可靠性等关键问题，研发出新型传感器样机并实现应用验证，为电力物联网建设奠定基础。

8. 电力气象技术

（1）技术现状及存在的问题。

电力气象技术主要包括用于可再生能源功率预测预报的超短时、短时、长时等局地和大范围的电力气象预报技术，用于发电计划、电力调度和应急响应的电力气象技术等。

其中，可再生能源预测预报技术涵盖气象资源的监测、多时空尺度资源预报、不同时空尺度的可再生能源功率预测等多个环节，从时间尺度上，可分为 0～4 小时的超短期功率预测，3 天的短期功率预测，7 天的中期功率预测，以及月度、年度电量预测；从空间尺度上可分为场站功率预测、集群功率预测以及省级（地区级）功率预测；从预测对象上，可分为对特定时刻功率数值的点预测，对预测不确定性描述的概率预测，以及对特定波动过程的事件预测。可再生能源预测预报涉及电气、气象、人工智能、计算机等多个学科，涉及的关键技术包括大气模拟技术、数据同化技术、大数据技术、数据挖掘技术、人工智能技术、图像识别技术等。

可再生能源发电功率预测可将未来一定时段内的可再生能源出力情况由未知变为基本已知，从而将可再生能源纳入发电计划，在保障电力系统安全的同时，促进可再生能源消纳。随着我国电力市场化改革的推进，可再生能源功率预测还将作为可再生能源上网的竞价依据，直接影响可再生能源场站的经济效益，可再生能源发电功率预测的作用将进一步凸显。

伴随着我国可再生能源的快速发展和预测应用场景的变化，我国可再生能源功率预测的发展方向也在不断变化。在应用层面，一是要延长预报长度，在以火电为主的电源结构下，现有 3 天预报不能适应机组组合的动态优化需求，需进一步延长气象预报和功率预测长度；二是要提高预测精度，我国可再生能源装机容量，同等预测水平下对应更大的绝对误差，需要进一步提高预测精度；三是要准确把握预报风险，现有功率预测缺乏对预测偏差的科学预估，只能凭借以往运行经验安排调度计划，既可能影响充分消纳，又存在供电不足风险，亟需研究刻画预测偏差范围的概率预测技术，同时提升多层级优化调度与风险防控技术。

为了达到上述应用目标，在技术层面，一是要整合不同来源的气象观测资料，构建更为密集的观测网络，并实现多源气象观测数据的融合；二是要借助人工智能技术，将基于气象机理的数值天气预报模式和人工智能方法相结合，进一步提高气象预报精度；三是以大数据和人工智能技术为基础，在更大空间范围、更长时间范围充分挖掘可用数值天气预报气象信息与功率之间的深层映射关系，提高可再生能源功率预测精度；四是针对预测结果中不可避免的极端预测偏差，发展面向极端预测偏差场景的预警技术。

我国现有可再生能源功率预测技术存在对资源的监测能力不足，数据融合深度不够，资源预报、功率预测误差偏大等问题。在可再生能源资源监测和预报方面，现有技术无法在保证预报精度的前提下开展更小尺度的资源预报。目前对可再生能源资源多时空尺度差异化考虑不够，严重制约了可再生能源消纳能力的提升和可再生能源资源互补特性的研究。

在可再生能源功率预测方面，我国现有预测方法存在以下问题：一是预测模型以人工神经网络、支持向量机等浅层网络为主，处理数据的维度极为有限；二是导致不同类型预测误差的天气过程辨识度低，难以对不同误差类型进行针对性建模和修正；三是现有离线逐场站进行预测建模的模式效率低，且难以实现模型参数的在线调整；四是海上风电在资源模拟和功率波动特性方面和陆上风电差异较大。

（2）研究内容及目标。

“十四五”期间，主要研究内容包括：一是从物理机理入手，借助新一代人工智能技术，从预测的不同环节进行分阶段优化，进一步提高预测精度，支撑可再生能源的高效消纳；二是开展气象机理与人工智能相结合的可再生能源资源预报技术；三是发展基于可再生能源资源多时空尺度差异化模拟预报技术，亟待发展以深度学习为代表的深度学习预测模型；四是基于天气分型的分类建模预测，具备在线建模与优化能力的在线建模技术，海上风电功率预测算法的专项研究等。

2025 年，通过对上述内容的研究，攻克气象机理与人工智能相结合的网格化可再生能源资源组合预报技术难题，构建多尺度可再生能源资源预报体系和平台，突破海上风电功率预测关键技术，掌握基于人工智能的可再生能源功率预测方法，提升可再生能源功率预测精度和预测建模的智能化水平，降低极端误差风险。

9. 支撑研究与发展的政策机制与研究策略建议

尽管我国在电力技术和现代电网建设方面取得了辉煌的成就，一系列电力科技成果处于世界领先水平，然而在支撑电力工业发展的共性、基础、前瞻性技术方面，我国总体上与国际领先水平仍有较大的差距，在一些基础材料和芯片方面还存在“卡脖子”问题，在一些前瞻性技术研发方面原创性不足。产生这些差距的原因是多方面的，长期投入不足、政策缺位、人才队伍缺乏、应用示范推动力度不足等诸多因素均是造成这些差距的原因。为此，在“十四五”期间，为加速我国电力领域的基础性和前瞻性技术的研发和产业化，提出以下政策性建议和研究策略。

（1）对于我国需求日益明显且已经有良好研发基础的技术，如新型储能技术等，一方面，政府应继续加大储能技术研究投入，聚焦所确定的技术路线，全面提升储能电池本体技术、混合集成技术和评估技术，带储能装备产业和应用产业全面升级；另一方面，应该出台相应的储能电价政策或储能补贴政策，引导电力企业积极投入市场开发，加快可再生能源并网，推动能源转型，并积极推动能量市场和辅助服务市场建设、培育储能应用生态。

（2）对于存在“卡脖子”问题的技术方向，如电力工控芯片等，应依托国家战略实现自主可控。为了确保国家工业基础自主可控，大力发展国家基础工业控制芯片，需要国家的长期政策支持及行业、企业的大额资金投入，在高端的通用 CPU、嵌入式 CPU、FPGA、DSP、ADC、5G、传感等芯片取得突破，实现处理器类、通信、传感等芯片的自主可控和技术突破。要努力打造一个良好的电力芯片发展生态圈。复杂的半导体工业需要长期持续性的巨额研发投入，以及更多企业协作完成。

需要准确把握经济发展形势和行业发展规律，整合优势资源，打通芯片产业上下游各个环节，实现研发与应用协同发展。电力芯片应用单位、终端厂商、芯片设计公司、芯片标准组织等密切协作，与国内芯片制造和封测企业协同攻关，完成中低端嵌入式 CPU、安全、存储、ADC、电源、隔离、时钟等芯片量产应用，以现有技术标准研制设备，并对装置可靠性方面长期监测及优化提升，在保证电网设备的核心功能的前提下促进装置各方面性能提升。

（3）对于已经具备一定研发基础且仍存在一定短板的技术领域，应该加大应用示范和推广力度，并推进标准的建设。例如，在电力电子器件研发和产业化方面，一方面，应充分发挥政府资金的引导和激励作用，吸引地方财政、社会资金参与器件关键技术研发，形成稳定持续投入机制；另一方面，积极落实国产器件示范工程的建设，打通研发—工程化—产业化全链条通道，推动首套重大技术装备评定和评价办法实施，鼓励企业积极承担国产化器件首台套重大技术装备示范任务，提高装备国产化水平。

（4）对于一些基础性材料，需求明确但国产材料性能仍存在差距的方面，如磁性材料、绝缘材料及耐烧蚀导电材料等，需要整合多学科优势，加强产学研结合，从基础理论、新材料物理化学结构设计、合成制备工艺设计、产业化工艺设备开发、测试分析技术及标准等方面进行系统深入研究，并从行业层面建立产学研联盟，优先解决涉及面广的共性问题，促进基础性材料的国产化替代和升级。

（5）对于未来可能具有重大应用前景的前瞻技术，如新型纳米复合导电材料、超导材料及其电力应用、新型电磁功能材料、新型电力传感器、可再生能源制氢及制备清洁燃料等方向，应该夯实基础，建立相适应的研发队伍和研发平台，予以长期稳定的支持，促进前瞻性技术向现实应用发展。

（6）对于需要建立网络化平台的技术发展方向，如电力气象技术领域，一是要整合不同来源的监测数据，建立电力信息交换与共享的标准体系，提升服务于电力的信息监测水平；二是要与多部门进行联合攻关，开展专项研究；三是建设标准化评测平台，提供标准化验证数据集，挖掘有实用价值的预测算法，促进有效预测算法的应用转化。

结　束　语

本报告编制过程中得到了行业专家及有关单位的大力支持，编审委员会委员对报告提出了宝贵的意见和建议，报告的成果发布是大家共同努力的成果。在此，表示诚挚的谢意。

由于编制时间和篇幅所限，尽管编制过程中多方征求意见，也难免有所疏漏，不妥之处敬请批评指正。希望有关专家学者和广大电力科技工作者对“十四五”电力技术发展方向提出意见和建议，在“十四五”电力科技规划实施过程中进一步补充完善。中国电机工程学会愿意同有关部门、企业、高校、科研院所及广大电力科技工作者加强联系，搭建平台，协同创新，为推动我国电力事业创新发展贡献力量。